COURS COMPLET
D'ENSEIGNEMENT SECONDAIRE SPÉCIAL

GÉOMÉTRIE

ÉLÉMENTAIRE

DU MÊME AUTEUR :

Géométrie élémentaire, *première année*, suite et fin de la Géométrie plane. 1 vol. in-18 jésus.

Géométrie élémentaire, *deuxième année*. Géométrie dans l'espace. 1 vol. in-18 jésus.

Notions sur les courbes usuelles, *quatrième année*. 1 vol. in-18 jésus.

CORBEIL. — TYP. ET STÉR. DE CRÉTÉ FILS.

GÉOMÉTRIE

ÉLÉMENTAIRE

RÉDIGÉE

Conformément aux programmes officiels de 1866

PAR H. BOS

Ancien élève de l'École normale, professeur au Lycée Saint-Louis.

ANNÉE PRÉPARATOIRE

Commencement de la Géométrie plane

TROISIÈME ÉDITION
revue et corrigée

PARIS

CH. DELAGRAVE ET Cⁱᵉ, LIBRAIRES-ÉDITEURS

RUE DES ÉCOLES, 58

1870

GÉOMÉTRIE

ÉLÉMENTAIRE

PREMIÈRE PARTIE

Géométrie plane. — Ligne droite. — Circonférence et cercle. — Angles.
— Perpendiculaires et obliques. — Parallèles.

CHAPITRE 1.

NOTIONS PRÉLIMINAIRES.

1. Tout corps occupe une portion limitée de l'espace, qu'on appelle le *volume* de ce corps.

On appelle *surface* d'un corps ce qui le sépare du reste de l'espace.

La limite qui sépare l'une de l'autre deux surfaces qui se coupent s'appelle une *ligne;* dans un appartement, par exemple, la limite de séparation du plancher et de l'une des murailles est une ligne; on dit encore qu'une ligne est l'*intersection* de deux surfaces, c'est-à-dire que c'est l'endroit où deux surfaces se coupent.

Enfin on appelle *point* l'intersection de deux lignes, l'endroit où ces deux lignes se coupent, ou encore l'extrémité d'une ligne qui n'est pas prolongée indéfiniment.

Il est impossible d'isoler une surface du corps qu'elle limite; cependant on peut étudier les propriétés d'une surface, abstraction faite du corps qui la soutient, et c'est ce que nous ferons constamment dans la suite. Nous considérerons aussi des lignes, abstraction faite des surfaces qu'elles limitent, et des points isolés, sans parler des lignes qui s'y coupent.

2. On dit assez ordinairement qu'un corps a trois dimensions, *longueur*, *largeur* et *hauteur*, ou encore *longueur*, *largeur* et *épaisseur* ; en nous en tenant à ces notions simples, nous remarquerons qu'une surface doit être considérée comme n'ayant que deux dimensions, longueur et largeur, sans aucune épaisseur ; pareillement une ligne n'a qu'une dimension, la longueur, et un point est tout à fait dépourvu de dimensions. Il est bien clair que ce sont là de pures abstractions qu'il est impossible de réaliser ; nous verrons néanmoins dans la suite de ce cours que cette hypothèse ne nuira en rien aux applications pratiques.

3. Toute combinaison de surfaces, de lignes et de points porte le nom de *figure*.

Deux figures sont dites *égales* lorsqu'on peut les appliquer l'une sur l'autre, ou, comme on dit, les *superposer*, de manière que tous les points de la première s'appliquent sur les points de la seconde ; quand les deux figures égales sont ainsi appliquées l'une sur l'autre, on dit qu'elles *coïncident*.

4. La GÉOMÉTRIE a pour objet l'étude des propriétés des figures et la mesure de leur étendue. L'utilité pratique de cette science est évidente : dans la plupart des arts industriels, on donne aux corps bruts que fournit la nature des formes *géométriques* ; la construction d'un bâtiment, l'établissement du meuble le plus simple, exigent des connaissances géométriques ; c'est à l'aide de la géométrie qu'on peut mesurer l'étendue des terrains, les diviser, tracer les routes, les canaux, etc. Enfin, elle est aussi indispensable pour l'étude des sciences que pour les arts pratiques ; l'astronomie, la physique, la mécanique, etc., ne peuvent se passer du secours de la géométrie.

Fig. 1. Ligne droite.

5. Parmi toutes les lignes que l'on peut imaginer, il en est une plus remarquable et plus simple que toutes les autres; c'est celle dont un fil tendu nous offre l'image : on l'appelle la *ligne droite*, ou, plus brièvement, la *droite* (fig. 1); tout le monde a une idée claire de la ligne droite, et l'on ne saurait en donner de définition. Nous admettrons que *d'un point à un autre on ne peut mener qu'une ligne droite*, et que *la ligne droite qui réunit deux points est le plus court chemin entre ces deux points.*

On donne le nom de *ligne brisée* à une ligne formée de plusieurs lignes droites placées bout à bout (fig. 2).

Enfin on appelle *ligne courbe* ou simplement *courbe* une ligne qui n'est ni droite ni composée de lignes droites (fig. 3).

Fig. 2. Ligne brisée.   Fig. 3. Ligne courbe.

6. On appelle *surface plane* ou *plan* une surface sur laquelle on peut appliquer exactement une ligne droite dans tous les sens : telle est la surface d'une plaque de marbre bien dressée, la surface d'une table, celle d'une eau tranquille, etc.

7. On divise la géométrie en deux parties, la *géométrie plane*, où l'on étudie les figures *planes*, c'est-à-dire celles dont toutes les parties sont dans un même plan, et la *géométrie de l'espace*, qui a pour objet l'étude des figures dont les éléments ne sont pas tous dans un même plan.

8. On désigne les points dans les figures par des lettres, A, B, C, etc., placées à côté de ces points; ainsi on dit : le point A, le point B, etc. Une ligne droite se désigne par deux lettres placées en deux de ses points.

Nous emploierons souvent en géométrie les signes usités en arithmétique, et dont les principaux sont :

Le signe $+$, qui indique l'addition, et qui se prononce *plus;*

Le signe $-$, qui indique la soustraction, et qui se prononce *moins;*

Le signe ⨯, qui indique la multiplication, et qui se prononce *multiplié par*;

Le signe :, qui indique la division, et qui se prononce *divisé par*;

Le signe =, qui indique l'égalité de deux quantités, et qui se prononce *égale*;

Les signes > et <, qui marquent l'inégalité de deux quantités, et qui se prononcent *plus grand que*, et *plus petit que*.

Ainsi on écrira :

$$4 + 5 = 9$$
$$7 - 4 = 3$$
$$3 \times 6 = 18$$
$$48 : 8 = 6$$
$$7 > 2$$
$$8 < 12$$

Les autres signes que nous emploierons seront définis ultérieurement.

9. On appelle *théorème* une vérité qui n'est pas évidente d'elle-même, et qui exige une *démonstration*.

On appelle *corollaire* une vérité qui est la conséquence d'un théorème.

On appelle *problème* une question qu'on se propose de résoudre en s'appuyant sur des théorèmes précédemment démontrés.

Enfin on donne le nom de *propositions* aux théorèmes, aux corollaires et aux problèmes.

CHAPITRE II.

LIGNE DROITE.

10. On sait que, par deux points donnés, on ne peut mener qu'une ligne droite. Pour tracer une ligne droite, on emploie dans le dessin linéaire, dans les arts, dans l'arpentage, divers procédés que nous allons faire connaître.

Tracé d'une ligne droite.

11. L'instrument qui sert à tracer des lignes droites sur le papier, et qui porte le nom de *règle*, consiste en une planchette de bois longue et mince, dont un des bords doit être exactement *rectiligne*, c'est-à-dire être une ligne droite; quelquefois ce bord est taillé en biseau.

Avant de se servir d'une règle, il importe de s'assurer qu'elle est bonne, c'est-à-dire que le bord est bien une ligne droite : pour cela, on trace une ligne MN en suivant avec

Fig. 4.

un crayon bien fin le bord de la règle (fig. 4); on retourne ensuite la règle bout pour bout, comme l'indique la figure, de manière que la même face soit toujours sur le papier, et que la même arête AB soit appliquée en sens contraire sur MN; on tire de nouveau un trait bien fin le long de cette arête; si la règle est bonne, ces deux traits doivent coïncider exactement.

On peut encore diriger la règle de manière que ses deux

extrémités A et B soient confondues pour l'œil, et, si la règle est juste, tous les points du côté AB devront aussi paraître

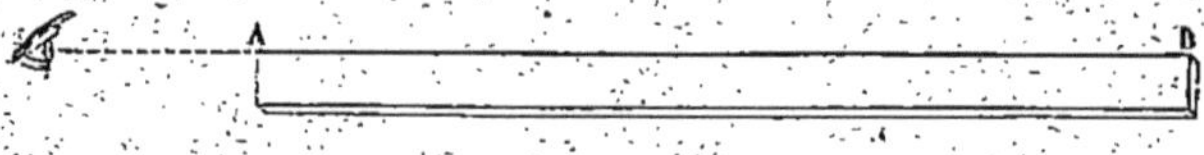

Fig. 5.

sur la direction du rayon visuel. Ce dernier moyen de vérification est moins exact que le précédent, et ne sert que dans les arts; il est fondé sur ce fait d'expérience que les rayons de lumière qui arrivent à l'œil suivent une direction rectiligne.

12. Pour mener une ligne droite par deux points A et B, on place une règle de manière que son bord passe exactement par ces deux points; puis avec un crayon bien fin ou avec un *tire-ligne*, on trace une ligne tout le long de ce bord. On opère de même dans les arts industriels sur le bois, sur la pierre ou sur une planche métallique; on remplace alors ordinairement le crayon par une pointe dure qui laisse un sillon rectiligne sur le bois, la pierre ou le métal.

Fig. 6.

13. On a souvent besoin de prolonger une ligne droite déjà tracée; on place alors la règle de manière que son bord soit appliqué sur une portion AB de la droite déjà menée, et on la prolonge le long de ce bord avec un crayon, un tire-ligne ou une pointe.

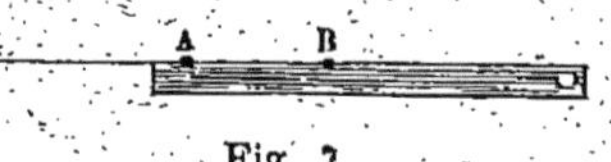

Fig. 7.

14. Les charpentiers, les scieurs de long, etc., emploient un autre procédé, lorsque la ligne droite qu'ils veulent mener est trop longue pour que l'usage de la règle soit commode. Ils se servent d'un *cordeau* assez fin préalablement chargé de craie, de suie, ou de toute autre poussière colorée; ils tendent ce cordeau entre les deux points qu'il faut réunir par une ligne droite; puis, le soulevant un peu par le milieu, ils le lâchent brusquement; la corde retombe sur la pièce de bois, et y dépose une empreinte colorée qui mar-

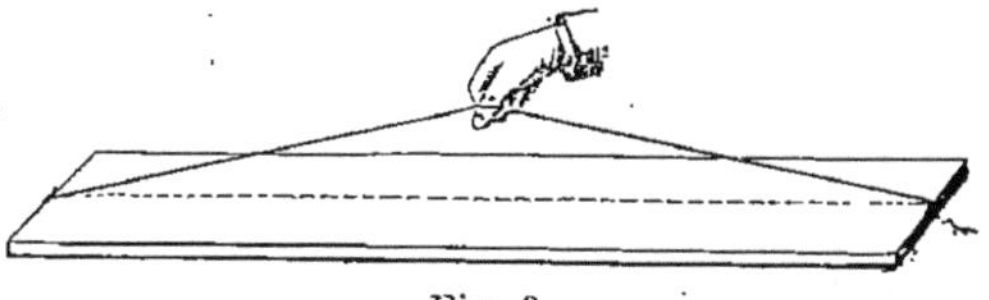

Fig. 8.

que la direction du cordeau tendu; cette ligne est droite, comme le démontre l'expérience.

Le cordeau sert aussi aux jardiniers, aux maçons, aux terrassiers, pour tracer des lignes droites; seulement ils se bornent le plus souvent à tendre la corde entre les deux points et la laissent dans cette situation jusqu'à ce qu'ils aient terminé leur travail; quelquefois aussi, au moyen d'une pelle, ils font sur le sol un étroit sillon tout le long du cordeau.

15. Dans l'arpentage et le levé des plans, on n'a pas besoin de tracer effectivement une ligne droite sur le terrain; il suffit d'en marquer un certain nombre de points; on emploie pour cela des piquets en bois, souvent peints en blanc et en rouge, et terminés par une plaque carrée également peinte en blanc et en rouge; ces piquets s'appellent des *jalons* et la plaque qui les termine est le *voyant*. Supposons maintenant qu'on veuille *jalonner* la droite qui passe par les deux points A et B, c'est-à-dire marquer par des jalons un certain nombre de points de cette droite; on plantera d'abord deux jalons en A et B, en ayant soin qu'ils soien bien verticaux; l'opérateur se placera en arrière du jalon A à une certaine distance, et de manière que ce premier jalon lui cache exactement l'autre. Un aide, muni d'un troisième jalon, le porte à l'endroit où l'on veut marquer un troisième point de la droite, soit entre A et B, soit au delà du

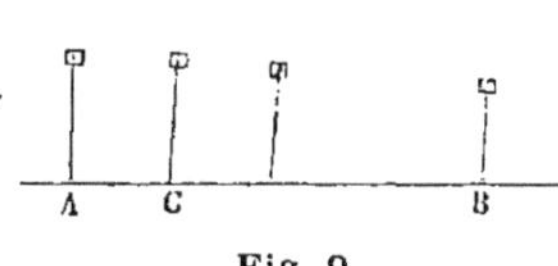

Fig. 9.

point B; puis, sur les indications de l'opérateur, il plante ce troisième jalon de manière qu'il soit caché exactement par le jalon A; le point C ainsi déterminé appartient à la droite AB; on marquera autant de points qu'on voudra, en opérant de la même manière.

Une droite ainsi jalonnée s'appelle un *alignement*.

16. Deux alignements étant donnés, on a souvent besoin de déterminer leur point de rencontre et de le marquer par un jalon. Soient AB, A'B' ces deux alignements; l'opérateur se place en A, ou mieux en arrière du jalon A, de

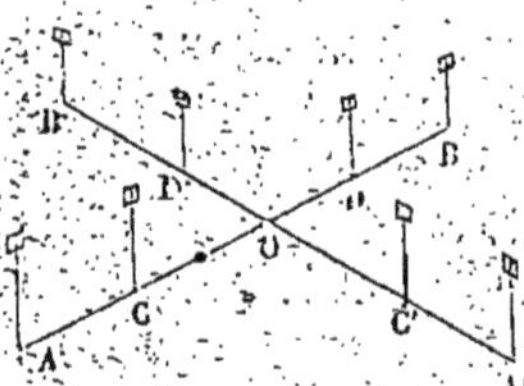

Fig. 10.

manière que ce jalon lui cache exactement les autres C, D, B; un aide, muni d'un jalon, parcourt la droite A'B', et, sur les indications de l'opérateur, il plante ce jalon sur l'alignement AB, en le plaçant aussi bien qu'il peut dans la direction de l'autre alignement; l'opérateur se transporte ensuite en A' pour s'assurer que le jalon est bien dans la direction A'B', ou pour rectifier sa position, si cela est nécessaire, et, après un petit nombre d'essais, on arrive ainsi à placer le jalon exactement au point de rencontre O des deux droites AB, A'B'.

Mesure des lignes droites.

17. Tout le monde comprend ce qu'on appelle *distance* de deux points A et B, ou encore *longueur* de la ligne droite AB.

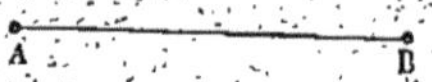

Fig. 11.

Mesurer une longueur, c'est la comparer à une autre longueur fixe, prise pour *unité*, afin de savoir combien de fois elle contient l'unité, ou combien elle contient de parties égales de l'unité; en France, l'unité de longueur est le *mètre*. (V. l'*Arithmétique*.)

Quand une longueur est plus petite que le mètre, ou

bien quand elle ne contient pas un nombre exact de mètres, on a recours, pour la mesurer, à des unités de longueur plus petites, et qui sont :

Le *décimètre* ou $\frac{1}{10}$ du mètre ;

Le *centimètre* ou $\frac{1}{100}$ du mètre ;

Le *millimètre* ou $\frac{1}{1000}$ du mètre.

D'autre part, pour évaluer des longueurs très-grandes, comme la distance de deux villes, le mètre serait une unité trop petite ; on emploie alors :

Le *décamètre,* qui vaut 10 mètres ;

L'*hectomètre,* qui vaut 100 mètres ;

Le *kilomètre,* qui vaut 1000 mètres ;

Le *myriamètre,* qui vaut 10000 mètres.

18. Pour mesurer une longueur, le procédé général consiste à porter le mètre sur cette longueur autant de fois que possible ; puis, sur le reste, on porte le décimètre autant de fois que possible ; sur le reste, le centimètre autant de fois que possible ; et enfin sur le reste, on porte le millimètre autant de fois qu'il y est contenu ; on trouvera ainsi que la longueur donnée contient par exemple 4 mètres 6 décimètres 7 centimètres et 3 millimètres ; on pourra dire encore qu'elle vaut 4 mètres 673 millimètres, ou $4^{m},673$.

Quand la ligne qu'il faut mesurer est tracée sur le papier, on applique sur cette ligne un double décimètre à biseau divisé en centimètres et en millimètres, et on voit immédiatement combien elle contient de décimètres, de centimètres et de millimètres ; les longueurs plus petites que le millimètre s'estiment à vue, ou par un procédé qui sera indiqué plus tard.

Quand on a besoin d'une grande précision, on évalue les dixièmes et même les centièmes de millimètre au moyen d'un instrument qu'on appelle le *vernier*, et qui sera étudié en physique.

Dans les arts, on emploie pour la mesure des longueurs, soit une règle en bois d'un mètre ou de deux mètres, divisée en décimètres et en centimètres, soit un mètre pliant, soit encore un ruban également divisé en centimètres : ce sont les instruments qu'emploient les menuisiers, les charpentiers, les maçons, les tailleurs, etc.

19. Les arpenteurs font usage d'une *chaîne* en fil de fer de 10 mètres de longueur (fig. 12); chaque chaînon a 2 décimètres de longueur; de cinq en cinq, les chaînons sont

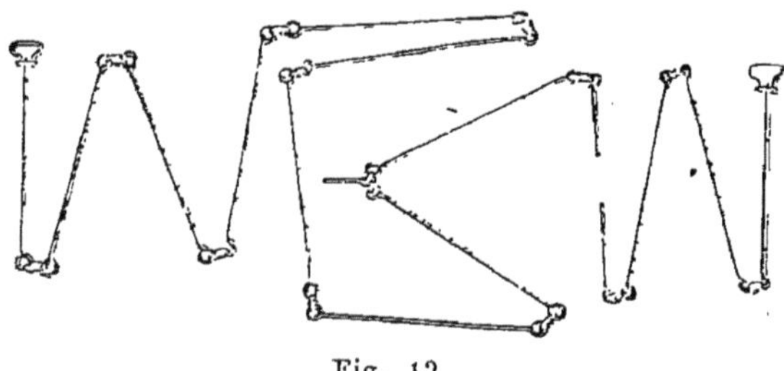

Fig. 12.

reliés par un anneau en cuivre, qui marque les mètres, et le milieu de la chaîne est marqué, soit par un anneau plus gros que les autres, soit de toute autre manière; enfin elle porte à chaque extrémité une poignée dont la longueur est prise sur celle du dernier chaînon. Avec la chaîne on emploie dix piquets de fer appelés *fiches*. Pour mesurer une longueur AB sur le terrain (fig. 13), l'opérateur se place à l'une des extrémités de la ligne, au point A, par exemple, et prend une des poignées de la chaîne qu'il place au pied du jalon extrême, au milieu de son épaisseur; un aide, porteur des fiches, prend l'autre bout de la chaîne, et la tend dans la direction de la ligne AB; l'opérateur, qui est en arrière, et qui voit le jalon B, s'assure que la

Fig. 13.

chaîne est bien dans l'alignement AB, et, s'il y a lieu, rectifie la direction en faisant déplacer l'aide à droite ou à gauche; cela fait, ce dernier plante une fiche en terre à l'extrémité de la chaîne. L'arpenteur et son aide enlèvent alors la chaîne, et marchent dans la direction AB jusqu'à ce que le premier soit arrivé à la fiche plantée précédemment; il place l'extré-

mité de la poignée au pied de cette première fiche, et l'aide
en plante une deuxième à l'autre extrémité de la chaîne ;
l'opérateur emporte alors la première fiche, et on continue
ainsi jusqu'à ce que l'aide ait atteint le jalon B ; on laisse
alors la chaîne étendue par terre, et l'arpenteur évalue, au
moyen des chaînons, le nombre de mètres et de décimètres
compris entre la dernière fiche et le jalon B ; il compte ensuite les fiches qu'il a dans la main en y comprenant celle
qui précède immédiatement le jalon B ; ce nombre de fiches
est le nombre de décamètres contenus dans la distance AB.
Supposons, par exemple, qu'il y ait 7 fiches et que la distance de la dernière au point B soit de 3 mètres 6 décimètres ;
la distance AB sera égale à 7 décamètres, 3 mètres, 6 décimètres, ou à 73^m,6. Si la longueur AB surpasse 100 mètres,
l'opérateur, au bout de 100 mètres, rend les dix fiches à
l'aide et en prend note. On pourrait, au moyen d'un double décimètre divisé, mesurer en centimètres la distance
comprise entre le jalon B et l'anneau de la chaîne qui le précède immédiatement ; mais ce soin est rarement utile, parce
que la chaîne n'est pas un instrument assez bon pour qu'on
puisse répondre d'un ou de deux centimètres sur une mesure.

On remplace quelquefois la chaîne par un ruban de fil
de 10 mètres de longueur, enroulé autour d'un axe et en-

Fig. 14.   Fig. 15.

fermé entre deux rondelles de bois ou de cuir ; ce petit instrument, léger et portatif, mais peu exact, s'appelle une *rou-
lette* (fig. 14). Enfin les ingénieurs et les architectes préfèrent
à la chaîne d'arpenteur un ruban d'acier de 10 mètres, où les

divisions sont marquées par des trous faits à l'emporte-pièce ou par des clous en cuivre (fig. 15); ce ruban a l'avantage de n'être pas extensible comme la chaîne, dont les anneaux finissent toujours par s'allonger sous la tension qu'on leur fait subir.

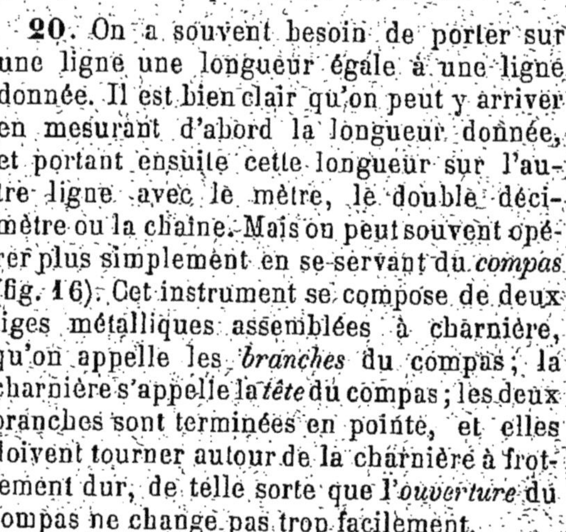

20. On a souvent besoin de porter sur une ligne une longueur égale à une ligne donnée. Il est bien clair qu'on peut y arriver en mesurant d'abord la longueur donnée, et portant ensuite cette longueur sur l'autre ligne avec le mètre, le double décimètre ou la chaîne. Mais on peut souvent opérer plus simplement en se servant du *compas* (fig. 16). Cet instrument se compose de deux tiges métalliques assemblées à charnière, qu'on appelle les *branches* du compas; la charnière s'appelle la *tête* du compas; les deux branches sont terminées en pointe, et elles doivent tourner autour de la charnière à frottement dur, de telle sorte que l'*ouverture* du compas ne change pas trop facilement.

Fig. 16.

Cela posé, supposons que sur la ligne MP (fig. 17) on veuille prendre à partir du point M une longueur égale à

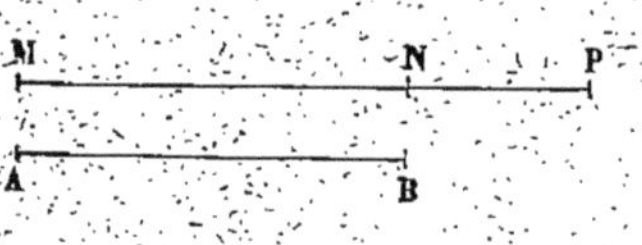

AB : on ouvre le compas, de manière que les deux pointes coïncident avec les extrémités de la ligne AB; puis on porte l'une des pointes en M; l'autre marque sur la ligne MP un point N, dont la distance au point M est égale à AB.

Fig. 17.

On peut arriver au même résultat en appliquant le long de AB une bande de papier, sur laquelle on marque par deux traits les points qui correspondent aux extrémités A et B, et portant ensuite cette longueur sur la ligne MP.

CHAPITRE III.

DE LA CIRCONFÉRENCE DE CERCLE.

21. Définitions. La *circonférence de cercle* est une ligne courbe plane dont tous les points sont à la même distance d'un point intérieur qu'on appelle *centre*.

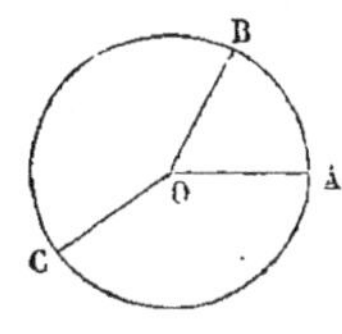

Fig. 18.

Les lignes droites qui joignent le centre aux différents points de la circonférence s'appellent des *rayons;* d'après la définition de la circonférence, tous les rayons sont égaux ; la figure 18 représente une circonférence de cercle dont le point O est le centre; OA, OB, OC sont des rayons.

On appelle *cercle* la portion du plan limitée par la circonférence ; la circonférence est une *ligne*, le cercle est une portion de la *surface* plane.

22. La circonférence est une courbe fréquemment employée dans les arts ; les roues d'une voiture, les roues et volants employés dans les machines, le fond d'un tonneau, d'un verre, etc., ont la forme circulaire ; on donne encore cette forme aux bassins des jardins, aux pièces de monnaie et à une foule d'autres objets.

Tracé de la circonférence.

23. Pour tracer les circonférences sur le papier, sur le bois, sur les surfaces métalliques, sur le marbre, sur la pierre, on emploie le compas décrit au n° **20**; lorsqu'on veut décrire une circonférence de rayon donné, on ouvre le compas de manière que la distance des deux pointes soit égale à ce rayon ; puis on place l'une des pointes au centre, et on fait tourner l'autre pointe autour de la première, en maintenant constante l'ouverture du compas; la pointe mobile décrit évidemment la circonférence demandée. Le compas employé par les dessinateurs est connu sous le nom de compas *à pointe de rechange,* parce qu'on peut remplacer l'une des pointes d'acier par un tire-ligne ou par un porte-crayon (fig. 19).

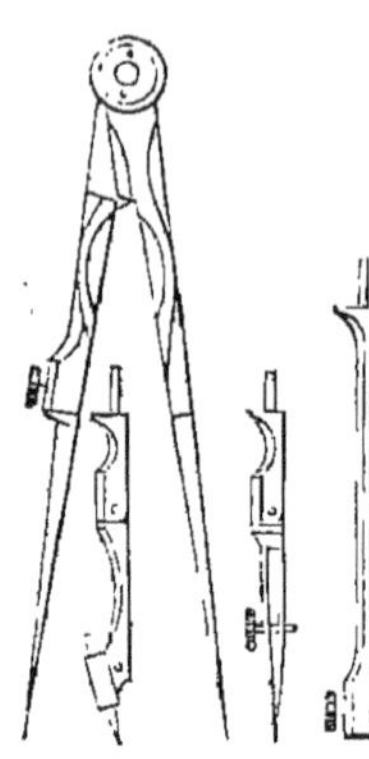

Fig. 19.

Lorsqu'on veut décrire une circonférence un peu grande, on remplace le compas ordinaire par un *compas à verge* (fig. 20); c'est une règle en bois qui porte à l'une de ses extrémités une pointe fixe A, et à l'autre une pointe mobile B, qu'on peut arrêter en un point quelconque de la règle au moyen d'une vis de pression. On place alors la pointe A au centre, et on fait tourner la règle autour de ce point; l'autre pointe B trace une circonférence dont le rayon est égal à la distance AB des deux pointes du compas.

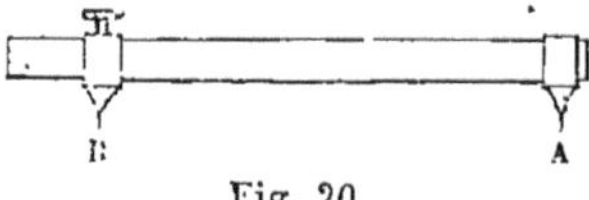

Fig. 20.

Sur le terrain, on peut employer un cordeau, d'une longueur égale au rayon, terminé à l'une de ses extrémités par un piquet pointu, et à l'autre par un anneau ou une boucle. On plante alors un autre piquet au centre de la circonférence, et on y passe l'anneau, puis on fait tourner le cordeau en le maintenant constamment tendu; si la tension reste toujours la même, la pointe fixée à l'extrémité de la corde décrit une circonférence ayant pour rayon la longueur de cette corde.

Enfin, dans certains cas, au lieu de faire tourner une pointe sur un plan, on fait tourner le plan autour du centre, en maintenant appuyée sur ce plan une pointe fixe; c'est ainsi que les potiers donnent la forme circulaire aux assiettes et aux plats, et que les tourneurs découpent des *disques* circulaires dans une plaque de métal.

24. Théorème. *Deux circonférences de même rayon sont égales.*

Soient O et O′ deux circonférences de même rayon ; je transporte la circonférence O′ sur la circonférence O, de manière que le point O′ tombe au point O ; les deux cir-

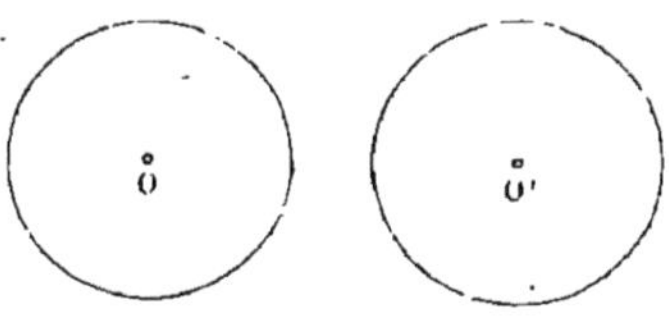

Fig. 21.

conférences coïncideront ; car si certains points de l'une tombaient en dehors de l'autre, il y aurait des points situés sur les circonférences qui ne seraient pas à la même distance du centre, ce qui est impossible, puisque leurs rayons sont égaux ; donc tous les points de la circonférence O′ coïncideront avec ceux de la circonférence O ; donc ces deux circonférences sont égales.

25. Corollaire I. *Pour faire une circonférence égale à une circonférence donnée, il suffit de lui donner le même rayon.*

On a souvent besoin de tracer des circonférences égales : les roues d'une voiture qui tournent sur le même essieu, doivent être des circonférences égales ; de même les deux fonds d'un tonneau, d'une boîte cylindrique de fer-blanc ou de carton sont des cercles égaux, c'est-à-dire des cercles de même rayon.

26. Corollaire II. *Si deux circonférences égales coïncident, et qu'on fasse tourner l'une d'elles autour du centre, elle ne cessera pas de coïncider avec l'autre.*

Ainsi qu'on trace une circonférence sur une feuille de carton, et qu'on découpe ce carton suivant la circonférence, la partie détachée présente une circonférence en relief, et le trou une circonférence en creux ; ces deux circonférences ont même centre et même rayon ; on peut faire tourner la première dans la seconde, et elles ne cessent jamais de coïncider. On peut encore vérifier cette propriété en prenant un vase dont le bord soit circulaire, et un couvercle entrant exactement dans l'ouverture du vase ; en faisant

tourner le couvercle autour de son centre, il ne cessera pas
de s'appuyer exactement sur le bord du vase.

La circonférence de cercle est la seule courbe qui jouisse
de cette propriété.

Mesure des arcs de cercle.

27. Définitions. On appelle *arc de cercle* une portion
quelconque ACB de la circonférence.

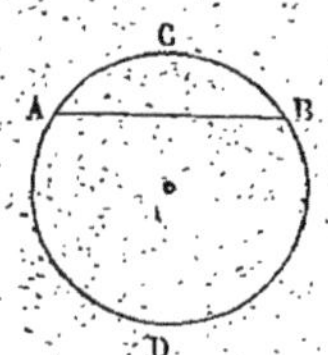

Fig. 22.

On appelle *corde* d'un arc la ligne droite
qui joint les extrémités de cet arc ; ainsi
AB est la corde de l'arc ACB.

On dit qu'un arc est *sous-tendu* par sa
corde, et réciproquement que la corde
sous-tend l'arc. Une corde sous-tend toujours deux arcs : ainsi la corde AB sous-
tend l'arc ACB, et aussi l'arc ADB ; habituellement nous considérerons seulement le plus petit de
ces deux arcs.

28. Pour comparer entre eux les arcs d'une même circonférence, on imagine cette circonférence divisée en 360
arcs égaux entre eux, qu'on appelle des *degrés* ; chaque degré est divisé en 60 parties égales appelées *minutes*, chaque
minute en 60 parties égales appelées *secondes* ; les arcs plus
petits que la seconde s'évaluent en dixièmes, centièmes,
millièmes de seconde. L'arc de 90 degrés, qui est le quart
de la circonférence, porte le nom de *quadrant*. Les degrés
s'indiquent par un petit zéro placé à la droite du nombre
et au-dessus, les minutes par un accent, les secondes par
deux accents ; ainsi un arc de 54 degrés 18 minutes 43 secondes s'écrira :

$$54° \ 18' \ 43'' \ {}^{1}.$$

[1] Il importe de ne pas confondre les minutes et les secondes de
degré avec les minutes et les secondes de temps, qui sont des parties
égales de l'heure ; pour les distinguer, on désigne les minutes et les
secondes de temps par les lettres ᵐ et ˢ ; ainsi 13 heures 43 minutes
26 secondes doivent s'écrire :

$$13^{h} \ 43^{m} \ 26^{s}.$$

La circonférence entière, contenant 360°, contiendra 360 fois 60′ ou 21600′, et 21600 fois 60″ ou 1296000″; de même le quadrant vaut 90°, ou $60′ \times 90 = 5400′$, ou encore $60″ \times 5400 = 324000″$.

La division de la circonférence en degrés, minutes et secondes est d'un grand usage dans la pratique. Le *graphomètre*, instrument que nous décrirons plus tard, consiste essentiellement dans un demi-cercle de cuivre, dont le bord est divisé en degrés; d'autres instruments analogues, le *cercle*, le *théodolite*, portent également des circonférences divisées en degrés. Le cadran d'une horloge ou d'une montre porte des divisions égales; mais ce ne sont pas des degrés, parce que la circonférence du cadran n'est divisée qu'en 60 parties égales; chaque division vaut donc 360° : 60 ou 6°. La boussole marine ou *compas de mer* porte également un cadran circulaire divisé en un certain nombre de parties égales; il y en a ordinairement 32; alors chaque division vaut la 32° partie de 360° ou 11° 15′.

29. Il est évident que si deux arcs, pris sur la même circonférence ou sur des circonférences égales, contiennent le même nombre de degrés, de minutes et de secondes, ces deux arcs sont égaux. Il en résulte que, si l'on connaît le nombre de degrés, minutes, secondes contenus dans un arc, et le rayon de la circonférence dont il fait partie, cet arc est complétement déterminé.

30. Il est maintenant facile de *mesurer* un arc de cercle : il faut avant tout choisir l'unité d'arc; on peut prendre soit l'arc de 1°, ou de 1′ ou de 1″, soit la circonférence entière, soit le quadrant; il est du reste très-aisé de passer d'une des unités à l'autre.

Si l'on prend pour unité l'arc de 1°, il suffira de chercher combien l'arc considéré contient de degrés, de minutes et de secondes; on y arrive aisément au moyen d'un instrument appelé *rapporteur*, dont nous indiquerons bientôt l'usage. Supposons, par exemple, qu'un arc contienne 119°, et qu'il y ait un reste qui renferme 27′ et 14″; la mesure de cet arc sera exprimée par le nombre *complexe*

$$119° \ 27′ \ 14″.$$

Si l'on veut exprimer la mesure du même arc en prenant la minute ou la seconde pour unité, on remarquera que 1° vaut 60′; donc 119° valent 60′ × 119 ou 7140′ : à ce nombre de minutes il faut ajouter les 27′ et les 14″ contenues dans l'arc, ce qui donne 7167′ 14″. Pour exprimer le même arc en secondes, je rappelle que 1′ vaut 60″; donc 7167′ valent 60″ × 7167, ou 430020″, auxquelles il faut ajouter les 14″ que contient l'arc, ce qui donne 430034″; on a donc, en définitive :

$$119° \ 27′ \ 14″ = 7167′ \ 14″ = 430034″.$$

On pourra toujours convertir de la même manière en minutes ou en secondes un arc exprimé en degrés.

Inversement, si l'on donne un arc exprimé soit en minutes, soit en secondes, il est facile de le rapporter au degré pris pour unité. Prenons, par exemple, un arc de 317819″; puisqu'il faut 60″ pour faire une minute, cet arc contiendra autant de minutes que de fois le nombre 60 est contenu dans 317819; il faut donc diviser 317819 par 60; le quotient 5296 représentera des minutes, et le reste, 59, des secondes; l'arc donné vaut donc 5296′ 59″. Nous aurons de même le nombre de degrés en divisant 5296 par 60, ce qui donne 88 pour quotient et 16 pour reste : donc enfin l'arc de 317819″ vaut 88° 16′ 59″.

Prenons maintenant pour unité d'arc la circonférence entière ; pour mesurer un arc, on l'évaluera d'abord en degrés, minutes et secondes, et on réduira le nombre en secondes ; supposons qu'il contienne 67° 18′ 45″ ou 242325″; on sait que la circonférence vaut 1296000″, ce qui revient à dire que la seconde est la 1296000ᵉ partie de la circonférence : donc l'arc donné contient 242325 fois la 1296000ᵉ partie de la circonférence, ou, en d'autres termes, il vaut les $\dfrac{242325}{1296000}$ de la circonférence. On opérerait d'une manière analogue, si l'unité d'arc était le quadrant qui vaut 324000″. Les nombres seraient plus simples, si l'arc renfermait un nombre exact de degrés ou de minutes ; ainsi l'arc de 147°

est les $\dfrac{147}{360}$ de la circonférence.

On a souvent besoin de savoir combien de fois un arc est contenu dans la circonférence entière; on le trouve aisément par une division ; prenons, par exemple, l'arc de 17°, et divisons 360 par 17, on trouve pour quotient 21 et il reste 3 ; donc on pourra porter 21 fois l'arc de 17° sur la circonférence, et il restera un arc de 3°. Prenons encore l'arc de 5° 13′ 26″ ; cet arc réduit en secondes vaut 18806″ ; la circonférence entière valant 1296000″, je divise 1296000 par 18806, ce qui donne pour quotient 68 et pour reste 17192 ; donc l'arc de 5° 13′ 26″ peut être porté 68 fois sur la circonférence et il reste un arc de 17192″ ou de 4° 46′ 32″.

31. Deux arcs d'une même circonférence étant exprimés en degrés, minutes et secondes, il est facile d'obtenir leur rapport[1]. Il suffit de réduire ces deux arcs en secondes, et de prendre le rapport des deux nombres ainsi obtenus. Ainsi, supposons que le premier arc contienne 8540″, et le deuxième 11465″; le premier arc contiendra 8540 fois la 11465ᵉ partie du second ; ou, en d'autres termes, le rapport des deux arcs sera exprimé par la fraction $\dfrac{8540}{11465}$.

Soient encore deux arcs, l'un de 56°, l'autre de 39°, le rapport du premier au second sera égal à $\dfrac{56}{39}$.

Dépendance mutuelle des cordes et des arcs.

32. THÉORÈME. *Dans le même cercle, ou dans des cercles égaux, des arcs égaux ont des cordes égales.*

[1] On sait qu'on appelle *rapport* de deux quantités de même espèce, le nombre qui indique combien de fois la première contient la seconde, ou combien elle contient de parties égales de la seconde. (Voy. l'*Arithmétique*; voy. aussi plus loin, Chap. VII.)

Soient O et O' deux circonférences égales, ACB, A'C'B' deux arcs égaux pris sur ces deux circonférences ; je dis que

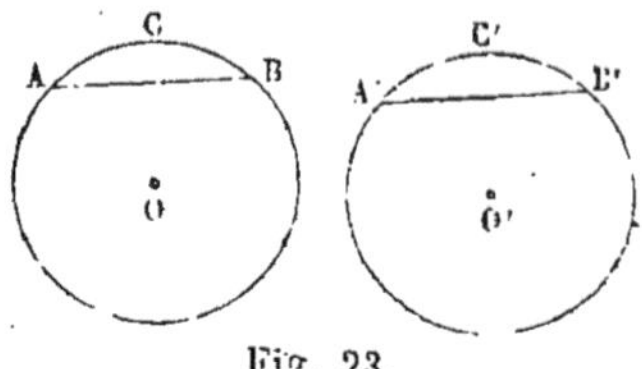

Fig. 23.

les cordes AB, A'B' sont égales. En effet, transportons la circonférence O' sur la circonférence O de manière que le point O' tombe au point O ; les deux circonférences coïncideront ; faisons ensuite tourner la circonférence O' autour du centre, jusqu'à ce que le point A' tombe au point A ; les deux circonférences ne cesseront pas de coïncider en tous leurs points ; mais comme l'arc A'C'B' est égal à l'arc ACB, le point B' s'appliquera sur le point B ; les deux droites A'B et AB, ayant alors les mêmes extrémités, coïncideront ; donc elles sont égales ; ce qu'il fallait démontrer.

Remarque. Si les deux arcs égaux étaient pris sur la même circonférence, on pourrait de même faire tourner l'un des arcs autour du centre, et l'appliquer sur l'autre, et alors les deux cordes coïncideraient.

33. Théorème. *Dans le même cercle, ou dans des cercles égaux, si deux arcs sont inégaux, le plus grand est sous-tendu par la plus grande corde.* (On suppose que l'on prend le plus petit des arcs sous-tendus par chacune des cordes.)

On peut se rendre compte de la vérité de ce théorème de la manière suivante. Supposons qu'un compas étant mis à plat sur une table, on fixe l'une des branches, et qu'on fasse tourner l'autre : la pointe décrira un arc de cercle ayant pour centre la tête du compas, pour rayon la longueur de l'une des branches, et pour extrémités les deux pointes du compas ; la corde de cet arc sera la distance rectiligne des deux pointes ; et l'on sait par expérience que cette distance va en croissant à mesure qu'on ouvre davantage le compas, c'est-à-dire à mesure que l'arc augmente.

Voici d'ailleurs une démonstration rigoureuse.

Soient O et O' deux circonférences égales, et supposons

l'arc ACB plus grand que l'arc A'C'B' ; je dis que la corde AB est plus grande que la corde A'B'. En effet, prenons

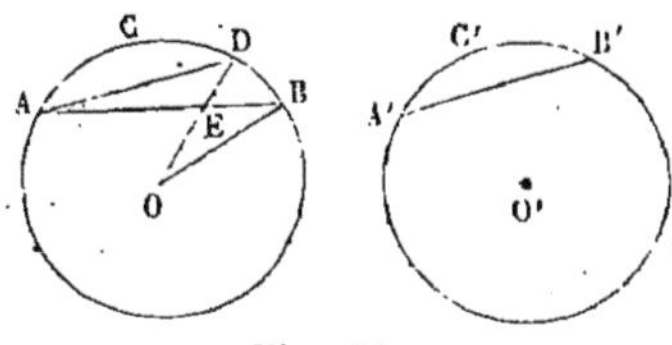

Fig. 24.

sur l'arc ACB un arc ACD égal à l'arc A'C'B' ; la corde AD sera égale à A'B' (**32**) [1]. Menons les rayons OB et OD ; ce dernier coupera la corde AB en un point E. La ligne droite étant le plus court chemin entre deux points, la ligne AD est plus courte que la ligne brisée AE + ED ; pour la même raison, le rayon OB est moindre que OE+EB ; donc la somme de la corde AD et du rayon OB est plus petite que la somme des quatre lignes AE+ED+OE+EB, ou que la somme des deux lignes AB et OD ; ainsi l'on a :

$$AD + OB < AB + OD ;$$

et comme les rayons OB et OD sont égaux, cette inégalité exige que la corde AD soit moindre que la corde AB ; or, AD=A'B' ; donc enfin A'B' est moindre que AB ; c'est ce qu'il fallait démontrer.

34. COROLLAIRE I. *Dans un même cercle, ou dans des cercles égaux, si deux cordes sont égales, les arcs qu'elles sous-tendent sont égaux.*

En effet, ces arcs ne peuvent être inégaux, puisque des arcs inégaux ont des cordes inégales d'après le théorème précédent, et que par hypothèse les cordes sont égales.

35. COROLLAIRE II. *Dans un même cercle ou dans des cercles égaux, si deux cordes sont inégales, les arcs qu'elles sous-tendent sont inégaux, et le plus grand est sous-tendu par la plus grande corde.*

Les arcs ne peuvent pas être égaux, puisque des arcs égaux ont des cordes égales ; les arcs étant inégaux, nous avons prouvé que c'est le plus grand qui a la plus grande corde.

[1] Les nombres entre parenthèses sont des renvois aux numéros de l'ouvrage.

36. Remarque. Il résulte des théorèmes précédents que si, dans un cercle, un arc augmente, la corde augmente aussi; mais il ne faudrait pas croire que les arcs et leurs cordes varient dans le même rapport. Ainsi, si un arc est double d'un autre, la corde du premier arc n'est pas double de la corde du second; en effet, prenons dans le cercle O à la suite l'un de l'autre deux arcs AB et BC égaux, et menons leurs cordes qui seront égales; l'arc ABC sera le double de l'arc AB; je mène sa corde AC; la ligne droite AC est plus petite que AB+BC; ou, ce qui revient au même, elle est plus petite que le double de AB; ainsi quand un arc devient double de ce qu'il était, sa corde ne devient pas double de ce qu'elle était d'abord.

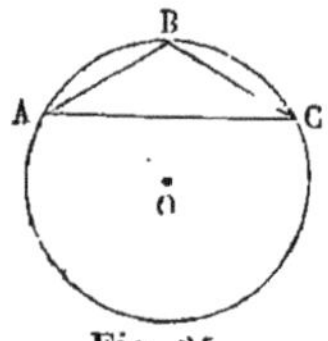

Fig. 25.

37. Problème. *Prendre, soit sur la même circonférence, soit sur une circonférence de même rayon, un arc égal à un arc donné.*

Soit ACB l'arc donné sur la circonférence O; on veut prendre sur la circonférence égale O', à partir d'un point donné D, un arc égal à l'arc ACB. On met en A l'une des pointes d'un compas, et on l'ouvre jusqu'à ce que l'autre pointe vienne en B; sans changer l'ouverture du compas, on place une pointe en D, et on le fait tourner de manière que l'autre pointe décrive un petit arc de cercle qui coupe en E la circonférence O'; l'arc DFE est égal à l'arc ACB; car, d'après la construction, ces deux arcs ont des cordes égales AB, DE, et par conséquent sont égaux (**34**).

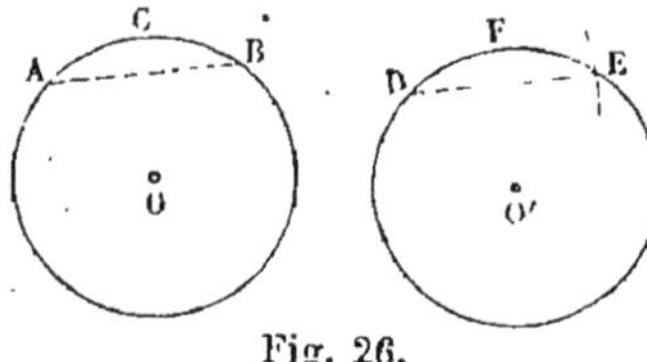

Fig. 26.

38. Dans les arts, on emploie souvent ce moyen pour faire des arcs égaux à des arcs donnés; ainsi quand un tailleur de pierres façonne des pierres pour une voûte circulaire, pierres qu'on appelle des *voussoirs*, et dont une des arêtes doit être un arc de cercle de grandeur donnée, il trace sur le parement de la pierre, c'est-à-dire sur la partie plane, un arc de cercle avec le rayon donné ; puis il relève, sur le patron ou sur le dessin qui lui est donné, la corde de l'arc de cercle qui doit limiter le voussoir, et au moyen de la construction précédente, il marque sur la pierre les deux extrémités A et B de cet arc ; il mène ensuite les prolongements des rayons qui passeraient par les points A et B ; le voussoir est alors tracé en ACDB, et il n'a plus qu'à abattre la pierre tout le long de ce contour. Nous rencontrerons beaucoup d'autres applications de ce problème.

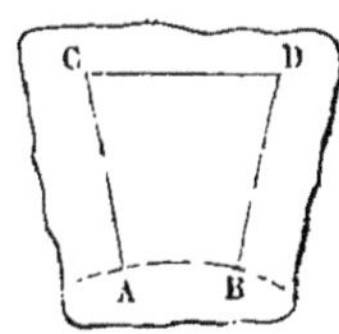

Fig. 27.

Des diamètres.

59. DÉFINITION. On appelle *diamètre* d'une circonférence toute corde qui passe par le centre.

Un diamètre quelconque est composé de deux rayons ; donc *tous les diamètres d'une circonférence sont égaux.*

40. THÉORÈME. *Le diamètre est la plus grande des cordes du cercle.*

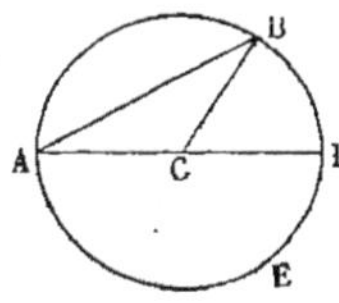

Fig. 28.

Soient AB une corde, et AD un diamètre de la circonférence C ; menons le rayon CB ; la ligne droite AB est plus courte que la ligne brisée ACB, c'est-à-dire plus courte que la somme de deux rayons ; ou, ce qui est la même chose, la corde AB est plus petite que le diamètre AD.

41. APPLICATION. Cette propriété du diamètre est utilisée dans les arts pour vérifier les circonférences en creux, comme l'intérieur d'un canon, d'un corps de pompe, etc.

On se sert pour cela d'une règle à coulisse qui peut s'allonger comme l'indique la figure 29 ; la partie rentrante de cette règle porte des divisions qui permettent de voir dans chacune des positions qu'on donne à la règle mobile quelle est la longueur totale de l'instrument ; il suffit d'ajouter à la longueur BC, qui est toujours la même et qui est connue, la longueur AC qu'on lit sur la tige mobile. On porte cet

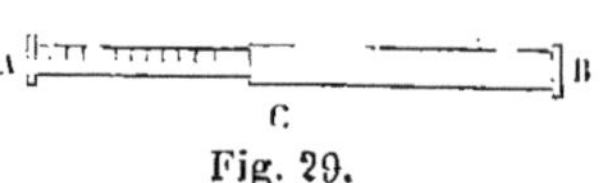

Fig. 29.

instrument dans l'intérieur de la circonférence à vérifier et on lui donne une position telle que sa longueur soit la plus grande possible; on est certain alors qu'il est dirigé suivant un diamètre. On mesure ce diamètre, et on recommence l'opération dans d'autres directions; si la circonférence est bien façonnée, on doit trouver la même longueur pour tous les diamètres. Remarquons qu'on mesure en même temps le diamètre de la circonférence.

* Lorsqu'on veut seulement vérifier si la circonférence est bien tracée, on peut remplacer la règle à coulisse par une tige de bois ou de métal à laquelle on donne par tâtonnement la plus grande longueur qu'elle puisse avoir pour entrer dans l'intérieur de la courbe; on présente ensuite cette tige dans diverses directions, et elle doit toujours entrer exactement dans la circonférence, sans laisser de vide.

Nous ferons connaître plus tard d'autres instruments employés au même usage dans les arts industriels.

42. Théorème. *Tout diamètre partage la circonférence et le cercle en deux parties égales.*

Soit AB un diamètre de la circonférence O; je plie cette circonférence le long du diamètre AB, et je rabats la partie

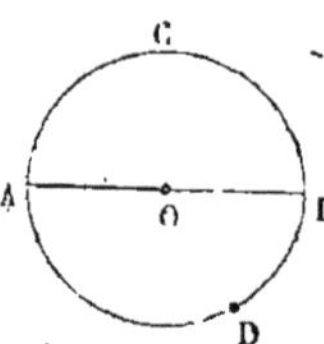

Fig. 30.

inférieure ADB de la circonférence sur l'autre; tous les points de l'arc ADB tomberont sur l'arc ACB; car si un point quelconque, D, par exemple, tombait en dehors ou en dedans de l'arc ACB, sa distance au centre O serait plus grande ou plus petite que le rayon, ce qui est impossible; donc l'arc ADB coïncidera avec l'arc ACB; c. q. f. d.

Remarque. Pour diviser une circonférence en deux parties égales, il suffira donc de mener un de ses diamètres.

43. Théorème. Réciproquement, *si l'arc ACB est la*

moitié de la circonférence, le rayon OB *est le prolongement de* OA (fig. 30).

Car le prolongement du rayon OA doit couper la circonférence en un point qui la partage en deux parties égales ; il passe donc nécessairement au point B, c'est-à-dire que ce prolongement n'est autre chose que la ligne OB ; c. q. f. d.

44. Les demi-circonférences fermées par des diamètres se rencontrent souvent dans les constructions ; les *arcades à plein cintre,* si fréquemment employées pour les portes cochères, et pour les fenêtres de beaucoup d'édifices publics, sont fermées soit par des vantaux en bois, soit par des grilles en fer, soit encore par des châssis vitrés *demi-circulaires.*

CHAPITRE IV.

DES ANGLES.

45. Définitions. On appelle *angle* la figure formée par deux lignes droites AB et AC menées d'un même point A dans deux directions différentes. Le point de rencontre A des deux droites s'appelle le *sommet* de l'angle, et les droites elles-mêmes s'appellent les *côtés* de l'angle.

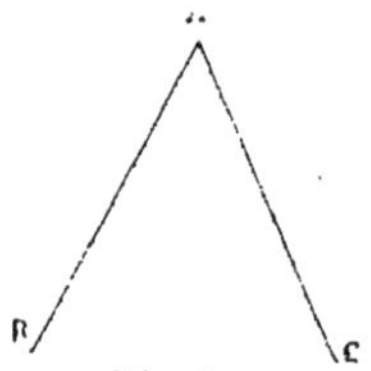

Un angle se désigne habituellement par trois lettres, une au sommet et une autre sur chaque côté ; on a soin d'énoncer la lettre du sommet entre les deux autres : ainsi on dit l'angle BAC ; on peut aussi désigner un angle par la lettre du sommet toute seule, pourvu qu'il n'y ait pas de confusion possible.

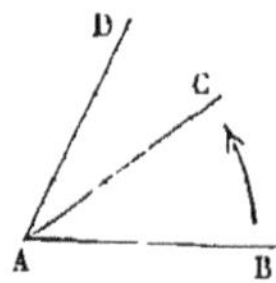

Fig. 31.

46. Concevons qu'une droite AB restant fixe, une droite mobile tourne autour du point A dans le sens de la flèche, et s'écarte de plus en plus de la droite fixe AB ; nous dirons que la droite mobile forme avec la droite fixe un angle *de plus en plus grand ;* ainsi, par définition, l'angle DAB est plus grand que l'angle CAB. Un angle doit donc être considéré comme une *grandeur*, et, à ce point de vue, nous pouvons donner de l'angle cette nouvelle définition : *Un angle est l'écartement plus ou moins grand de deux lignes qui se coupent.*

Fig. 32.

Il résulte de là que la grandeur d'un angle ne dépend pas de la grandeur de ses côtés ; ceux-ci doivent toujours par la pensée être supposés indéfinis.

47. Pour reconnaître si deux angles BAC, B'A'C' sont

égaux, on transporte le second sur le premier de manière

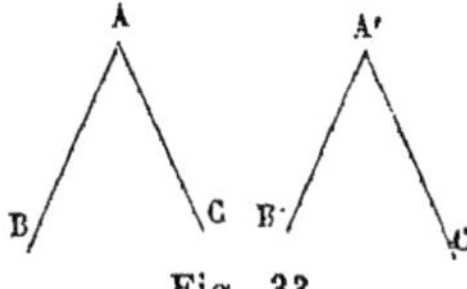
Fig. 33.

que le sommet A′ tombe au point A, et que le côté A′B′ prenne la direction AB; si le côté A′C′ coïncide alors avec AC, les deux angles sont égaux; si au contraire le côté A′C′ tombe à l'intérieur ou à l'extérieur de l'angle BAC, l'angle B′A′C′ sera plus petit ou plus grand que l'angle BAC.

48. C'est sur cette notion si simple de l'égalité des angles qu'est fondé l'usage de l'instrument appelé *fausse équerre* ou *sauterelle* et qui se compose de deux règles réunies à leurs

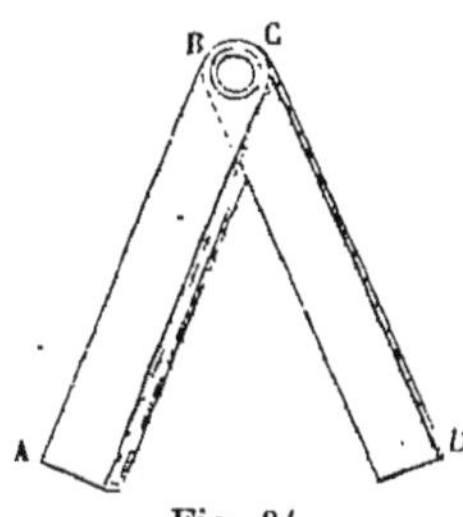
Fig. 34.

extrémités par une charnière, comme les deux branches d'un compas. Les ouvriers s'en servent pour transporter les angles, c'est-à-dire pour faire sur une planche ou sur une surface plane quelconque un angle égal à un angle donné; ils appliquent la fausse équerre sur l'angle donné, en donnant aux règles une inclinaison telle que les bords extérieurs BA et CD de ces règles coïncident avec les côtés de l'angle donné; ils enlèvent ensuite l'instrument, en ayant soin que l'écartement des règles ne change pas, et l'appliquent sur la surface où ils veulent transporter l'angle; puis, au moyen d'une pointe, ils tracent sur cette surface deux lignes suivant BA et CD; ces lignes font un angle égal à l'angle donné.

Mesure des angles.

49. Deux angles ABC, CBD sont dits *adjacents* (fig. 35), lorsqu'ils ont même sommet B, un côté commun BC, et qu'ils sont situés de part et d'autre du côté commun. L'angle ABD formé par les côtés extérieurs des deux angles est la *somme* de ces deux angles. Ainsi, pour ajouter deux angles, il faut les juxtaposer de manière qu'ils soient adjacents ; la somme des deux angles est alors l'angle formé par les côtés extérieurs. Il est tout aussi aisé de retrancher deux angles.

Fig. 35.

Un angle est *double*, *triple*, *quadruple*, etc., d'un autre, quand il est la somme de 2, 3, 4, etc., angles égaux à cet autre. De même un angle est les $\frac{4}{5}$ d'un autre, lorsqu'il contient 4 fois la cinquième partie de l'autre ; on peut donc concevoir le rapport de deux angles, comme celui de deux longueurs, ou de deux arcs de même rayon.

50. Pour abréger le langage, nous appellerons *angle au centre* dans un cercle, l'angle formé par deux rayons, et qui par conséquent a son sommet au centre de la circonférence.

51. THÉORÈME. *Dans un même cercle ou dans des cercles égaux,*

1° Des angles au centre égaux interceptent entre leurs côtés des arcs égaux ;

2° Des angles au centre, qui interceptent entre leurs côtés des arcs égaux, sont égaux.

1° Je suppose que les angles au centre AOB, A'O'B' formés dans les circonférences égales O et O', soient

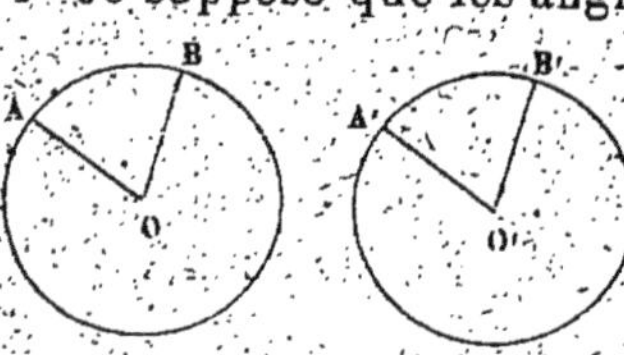

Fig. 36.

égaux ; je dis que l'arc AB est égal à l'arc A'B'. En effet, transportons le cercle O' sur le cercle O de manière que le centre O' coïncide avec le point O, et faisons ensuite tourner la circonférence O' autour du centre jusqu'à ce que le rayon O'A s'applique sur OA ; les circonférences, étant égales par hypothèse, coïncideront en tous leurs points ; comme de plus les angles AOB, A'O'B' sont égaux, le rayon O'B' s'appliquera sur OB, et le point B' tombera au point B ; les arcs

A′B′ et AB auront alors les mêmes extrémités, et comme ils font partie de la même circonférence, ils sont égaux; c. q. f. d.

2° Supposons maintenant que les arcs AB et A′B′ soient égaux; je dis que les angles au centre AOB, A′O′B′ seront égaux. En effet, transportons la circonférence O′ sur la circonférence O de manière que le point O′ tombe au point O, et le point A′ au point A; les arcs AB et A′B′ étant égaux par hypothèse, le point B′ tombera au point B; par suite le rayon O′A′ s'appliquera sur OA, et le rayon O′B′ sur OB; donc l'angle A′O′B′ coïncidera avec l'angle AOB; donc ils sont égaux; c. q. f. d.

52. Corollaire. Supposons qu'une circonférence O soit divisée en arcs égaux à partir du point A, par exemple en 360 degrés, et soient B, C, D, etc., les points de division;

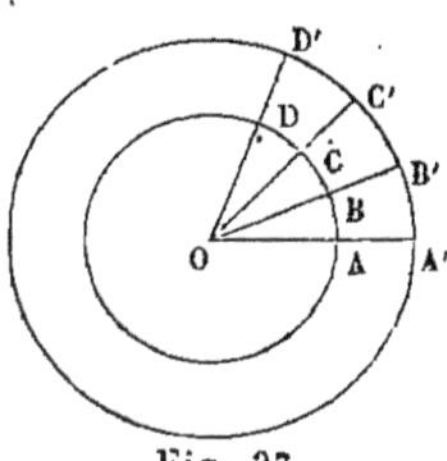
Fig. 37.

en les joignant au centre, nous formerons des angles AOB, BOC, COD, etc., tous égaux entre eux, puisqu'ils interceptent entre leurs côtés des arcs égaux AB, BC, CD, etc. Du centre O avec un autre rayon décrivons une circonférence qui sera coupée par les rayons OA, OB, OC, etc., aux points A′, B′, C′, etc., les angles A′OB′, B′OC′, C′OD′, etc., étant égaux comme nous venons de le prouver, les arcs A′B′, B′C′, C′D′, etc., seront aussi égaux en vertu du théorème précédent; la deuxième circonférence sera donc divisée en autant de parties égales que la première; par conséquent,

Si deux circonférences ont même centre, les rayons qui divisent l'une d'elles en parties égales divisent aussi l'autre en un même nombre de parties égales.

53. En particulier, si l'arc AB vaut 1° dans la circonférence qui a pour rayon OA, l'arc A′B′ vaudra aussi 1° dans la circonférence OA′; il en serait de même si l'arc AB valait 1′ ou 1″; il en résulte immédiatement que, si l'arc AB vaut un certain nombre de degrés, de minutes et de secondes

2.

dans la circonférence OA, l'arc A'B' vaudra le même nombre de degrés, de minutes et de secondes dans la circonférence OA'. Donc,

Si deux circonférences ont le même centre, et qu'on construise un angle ayant ce centre pour sommet, les côtés de cet angle intercepteront dans les deux circonférences des arcs qui contiendront le même nombre de degrés, de minutes et de secondes, c'est-à-dire qui auront la même mesure.

54. DÉFINITIONS. On appelle *angle d'un degré, d'une minute, d'une seconde,* un angle qui, placé au centre d'une circonférence quelconque, intercepte entre ses côtés un arc d'un degré, d'une minute ou d'une seconde; il résulte de ce qui précède que la grandeur de l'angle de 1°, ou de 1', ou de 1", ne dépend pas du rayon de la circonférence dont on se sert.

On appellera de même angle de 2°, de 3°, etc., un angle qui, placé au centre d'une circonférence, intercepte entre ses côtés un arc de 2°, 3°, etc. Par exemple, l'angle de 17° 13' 43" sera un angle qui, transporté au centre d'une circonférence, interceptera un arc de 17° 13' 43".

55. THÉORÈME. *Le rapport de deux angles est égal au rapport des nombres de degrés, minutes et secondes des arcs décrits de leurs sommets comme centre, et compris entre leurs côtés.*

Prenons, par exemple, deux angles, l'un de 44°, l'autre de 37°, c'est-à-dire d'après la définition précédente, deux angles qui, placés aux centres de deux circonférences, interceptent, l'un un arc de 44° et l'autre un arc de 37°; je dis que le rapport de ces deux angles est $\dfrac{44}{37}$. En effet,

Fig. 38.

soit O le premier de ces angles; du sommet comme centre avec un rayon quelconque, je décris un arc AB, qui, d'après l'hypothèse, sera un arc de 44°; partageons cet arc en 44 parties égales, et joignons tous les points de division au point O; l'angle AOB sera ainsi décomposé en 44 angles tous égaux entre eux, et valant chacun 1°; donc l'angle de 44° contient 44 fois l'an-

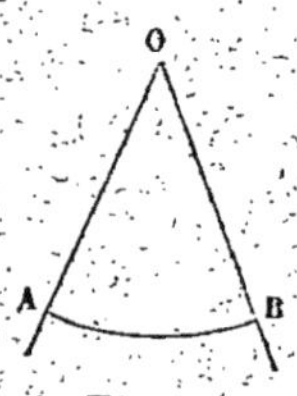

.gle de 1° ; pour la même raison, l'angle de 37° contient 37 fois l'angle de 1° ; le premier angle vaut donc 44 fois la 37° partie du second, c'est-à-dire que leur rapport est $\frac{44}{37}$; c. q. f. d.

EXEMPLE. Trouver le rapport de l'angle de 69° 13′ 18″ à l'angle de 116° 8′ 15″ ; je réduis ces deux angles en secondes, et je trouve ainsi que

$$69° \ 13′ \ 18″ = 249198″$$
$$116° \quad 8′ \ 15″ = 418095″ ;$$

le rapport des deux angles est alors exprimé par la fraction

$$\frac{249198}{418095}.$$

56. COROLLAIRE. *Dans un même cercle, ou dans des cercles égaux, le rapport de deux angles au centre est égal au rapport des arcs qu'ils interceptent entre leurs côtés.*

Supposons, pour fixer les idées, que les deux arcs contiennent, le premier, 56 degrés, et le second, 69 degrés ; comme ces deux arcs ont même rayon par hypothèse, leur rapport est égal **(51)** à $\frac{56}{69}$; mais nous venons de prouver que le rapport des angles est exprimé par cette même fraction ; donc le rapport des deux angles est égal à celui des deux arcs ; c. q. f. d.

57. THÉORÈME. *La mesure d'un angle est la même que celle de l'arc décrit de son sommet comme centre et compris entre ses côtés, pourvu que l'on prenne pour unité d'angle l'angle qui intercepte entre ses côtés l'arc choisi comme unité.*

Si l'on prend pour unité d'arc l'arc de 1°, on prendra pour unité d'angle, l'angle au centre qui intercepte entre ses côtés un arc de 1°, c'est-à-dire l'angle de 1° **(54)** ; considérons maintenant un angle quelconque AOB (fig. 38), et de son sommet comme centre décrivons une circonférence ; supposons de plus que l'arc AB compris entre ses côtés soit égal à 44°, cet arc vaudra alors 44 fois l'unité d'arc, c'est-à-dire que sa *mesure* est exprimée par le nombre 44 ; mais nous avons démontré (**55**) que l'angle AOB contient alors 44 fois l'angle de 1° ou l'unité d'angle ; en d'autres termes, la *mesure* de l'angle considéré sera exprimée par le nombre 44 ; elle sera donc la même que celle de l'arc correspondant ; C. Q. F. D.

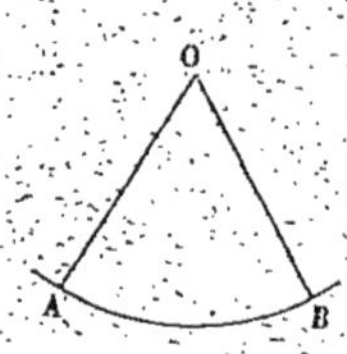

Supposons en second lieu que l'arc AB soit égal à 68°17' ou à 4097'; l'unité d'arc valant 1° ou 60', la *mesure* de l'arc sera exprimée par la fraction $\dfrac{4097}{60}$ (**50**) ; mais en vertu de

Fig. 39.

la proposition précédente, l'angle AOB vaudra les $\dfrac{4097}{60}$ de l'angle de 1° ; c'est-à-dire que la *mesure* de l'angle AOB sera exprimée aussi par la fraction $\dfrac{4097}{60}$ qui représente la mesure de l'arc ; C. Q. F. D.

On démontrerait de même cette proposition, si l'unité d'arc, au lieu d'être l'arc de 1°, était l'arc de 1' ou de 1″, ou toute autre portion de la circonférence, pourvu que l'on prenne toujours pour unité d'angle l'angle au centre qui intercepte entre ses côtés l'unité d'arc.

REMARQUE. La proposition qui précède s'énonce ordinairement sous la forme suivante, plus courte, mais moins précise : *Un angle a pour mesure l'arc décrit de son sommet comme centre et compris entre ses côtés.*

58. DÉFINITIONS. On donne le nom d'*angle droit* à l'angle de 90 degrés ; il en résulte que si du sommet d'un angle droit comme centre, on décrit une circonférence, l'arc compris entre les deux côtés de l'angle sera le quart de la circonférence ou un quadrant.

On appelle angle *aigu* tout angle plus petit que l'angle droit; angle *obtus* tout angle supérieur à l'angle droit.

On prend souvent pour unité d'angle l'angle droit, qu'on appelle simplement un droit ; il faut alors prendre pour unité d'arc le quadrant.

Lorsque la somme de deux angles est égale à un droit, on dit que ces angles sont *complémentaires*; et lorsque la somme de deux angles vaut deux droits, ces angles sont dits *supplémentaires*.

59. Problème. *Évaluer un angle ou un arc en degrés.*
L'instrument employé à cet usage sur le papier s'appelle

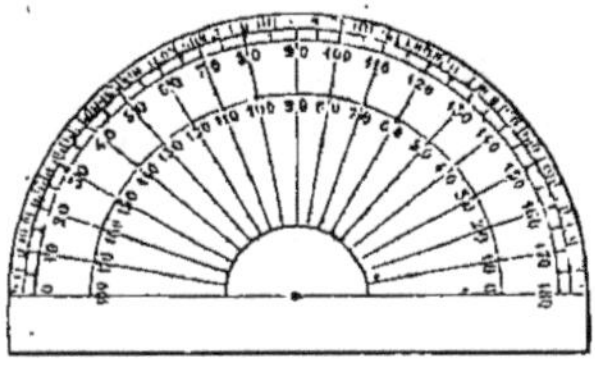

Fig. 40.

un *rapporteur*. Il consiste dans un demi-cercle en corne ou en cuivre (fig. 40) ; son *limbe* ou bord extérieur est divisé en 180 degrés ; chaque degré est à son tour divisé en demi-degrés, ou en quarts de degré ; le diamètre qui passe par les divisions extrêmes porte en son milieu une marque ou une entaille qu'on appelle le *centre* du rapporteur.

Proposons-nous d'abord de mesurer l'angle KOA ; on place

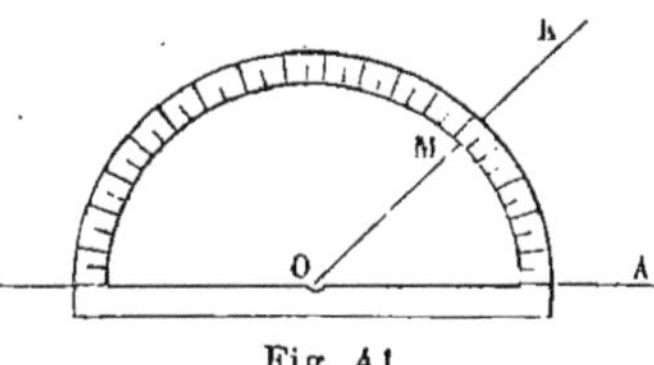

Fig. 41.

le rapporteur sur cet angle de manière que le centre coïncide avec le sommet de l'angle, et que le diamètre soit dirigé suivant le côté OA ; l'autre côté OK de l'angle rencontre le limbe du rapporteur au point M, et il suffit alors de lire le nombre de degrés ; les fractions de degré s'estiment à vue : par exemple, si l'on trouve que le point M tombe entre 42 et 43 degrés, et à peu près aux $\frac{2}{3}$ de l'intervalle à partir de 42°, on en conclura que l'angle KOA vaut 42° $\frac{2}{3}$ ou 42° 40′ environ.

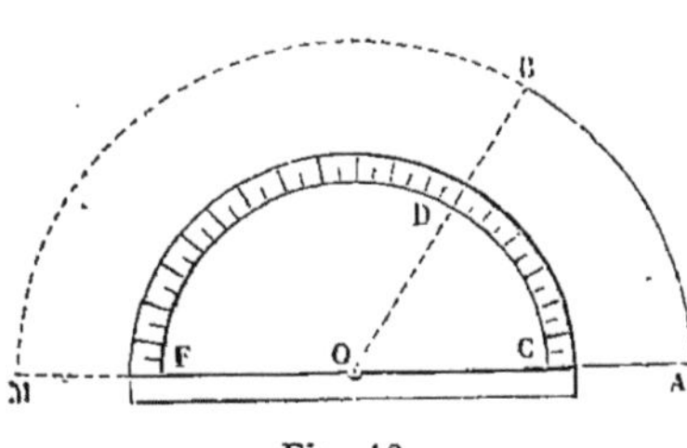

Fig. 42.

Soit maintenant à mesurer l'arc AB, dont le centre est O ; je mène les rayons OA et OB, et j'évalue en degrés l'angle AOB ; si cet angle est de 60 degrés, par exemple, on sait (**37**) que l'arc AB vaudra aussi 60 degrés.

Sur le terrain, on emploie pour mesurer les angles une

sorte de grand rapporteur, auquel on donne le nom de *gra-phomètre*. Cet instrument se compose d'un demi-cercle en cuivre, divisé en degrés et demi-degrés comme le rapporteur (fig. 43). Le diamètre porte à ses extrémités deux plaques de cuivre appelées *pinnules* (fig. 43 *bis*); chacune d'elles est percée d'une fente très-étroite *ab*, qui

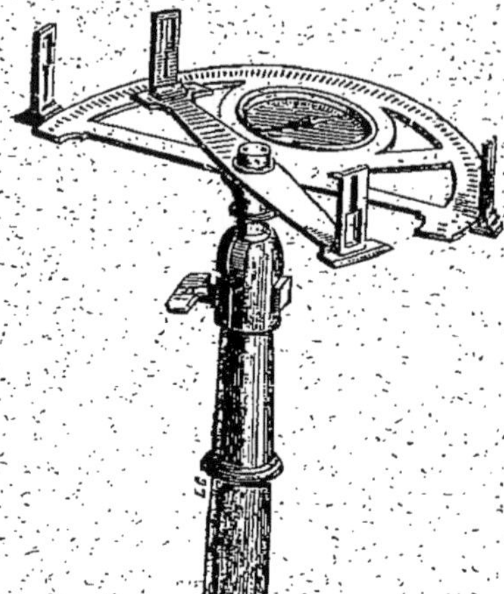

Fig. 43.

Fig. 43 *bis*.

s'appelle l'*œilleton*, et d'une ouverture plus large, *cdef*, appelée la *croisée*; cette dernière est traversée en son milieu par un fil très-fin *gh*, qui est dans le prolongement de l'œilleton; on appelle *ligne de foi* la direction déterminée par l'œilleton d'une des pinnules et le fil de la croisée de la pinnule opposée. Autour du centre du demi-cercle tourne à frottement doux une règle en cuivre également munie de deux pinnules, et qui porte le nom d'*alidade à pinnules*; l'extrémité de cette règle est taillée en biseau, et a la forme d'un arc de cercle de même centre que le limbe du graphomètre; un trait marqué au milieu de cet arc correspond à la ligne de foi de l'alidade; ordinairement ce même arc de cercle porte un *vernier* pour évaluer les minutes (*V.* le cours de physique pour la description et l'usage du vernier). Le graphomètre est porté par un pied à trois branches, auquel il est fixé par un *genou* articulé, qui permet de donner au plan du limbe toutes les positions qu'on veut.

Pour mesurer l'angle AOB de deux lignes jalonnées

(fig. 44), on porte le graphomètre au sommet de l'angle, et on le tourne de manière que l'œil appliqué à l'une des pin-

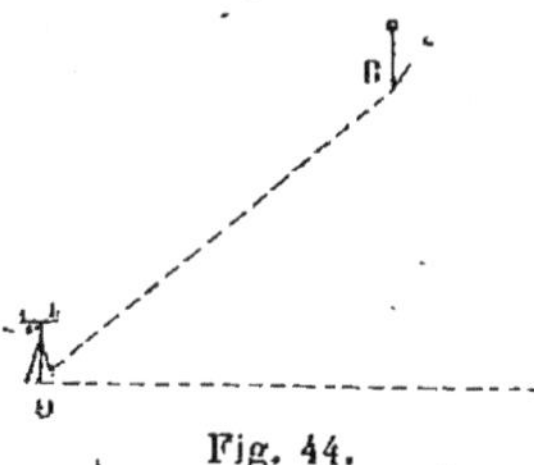

Fig. 44.

nules du diamètre fixe voie le jalon A caché par le fil de l'autre pinnule ; on fait ensuite tourner l'alidade mobile, jusqu'à ce que sa direction soit la même que celle du second côté OB de l'angle ; et il ne reste plus qu'à lire sur le limbe le nombre de degrés et de fractions de degré de l'angle du diamètre fixe avec l'alidade, angle qui est évidemment l'angle même des deux lignes tracées sur le terrain.

60. PROBLÈME. *Faire avec une droite donnée, en un point donné, un angle égal à un angle donné.*

1re *Solution.* Soient ABC l'angle donné, MN la droite donnée et N le point donné sur cette droite. Du point B comme centre avec un rayon quelconque, je décris un arc de cercle qui coupe en *a* et *c* les deux côtés de l'angle donné, et du point N comme centre avec le même rayon, je décris un arc de cercle qui rencontre en *m* la droite MN ; à partir du point *m* je prends sur cet arc un arc *m*P égal à l'arc *ac* (**57**), et je

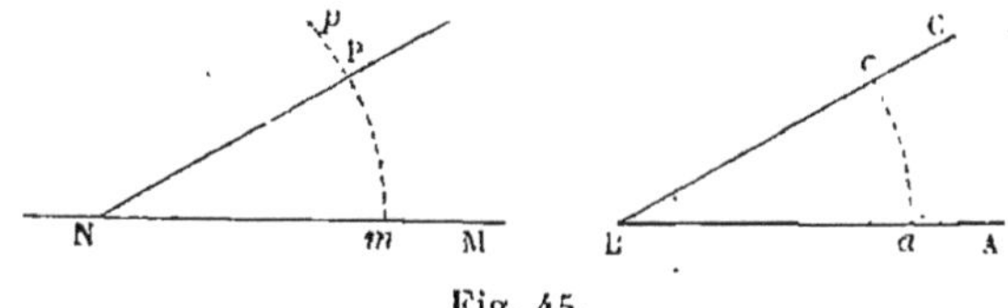

Fig. 45.

joins NP ; l'angle PNM est égal à l'angle ABC, parce que ce sont des angles au centre qui interceptent des arcs égaux dans des cercles égaux (**51**).

Ce procédé pour faire un angle égal à un angle donné est le plus exact de tous dans la pratique ; c'est le seul qui soit en usage dans le dessin linéaire ; on l'emploie également ment dans les arts pour le tracé des pièces qui exigent une grande précision.

2ᵉ *Solution*. On peut encore employer le rapporteur pour faire un angle égal à un angle donné : on mesure d'abord l'angle donné ; on place ensuite le rapporteur de manière que son centre tombe au point N et que son diamètre prenne la direction NM, et on marque avec un crayon le point P qui correspond au nombre de degrés qu'on a trouvé pour la mesure de l'angle donné ; enfin on joint NP, et on a un angle MNP qui contient le même nombre de degrés que l'angle donné, et qui par conséquent lui est égal.

Le graphomètre peut servir à résoudre le même problème sur le terrain.

Diverses propriétés des angles formés par deux droites.

61. THÉORÈME. *Lorsqu'une droite* OC *en rencontre une autre* AB, *elle forme avec elle deux angles adjacents* AOC, BOC, *dont la somme est égale à deux angles droits* (fig. 46).

En effet, du point O comme centre avec un rayon quelconque, je décris une circonférence qui rencontre les lignes OA, OC, OB aux points *a*, *c*, *b* ; la ligne *ab* est un diamètre de la circonférence, et par conséquent l'arc *acb* vaut 180°. Or l'angle AOC a pour mesure l'arc *ac*, et l'angle BOC a pour mesure l'arc *bc* ; donc la somme des angles AOC et BOC a pour mesure la somme des arcs *ac* et *bc*, c'est-à-dire 180° ; ou ce qui revient au même, cette somme est égale à deux angles droits ; C. Q. F. D.

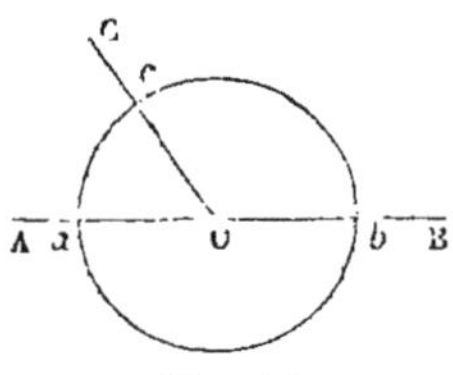

Fig. 46.

62. COROLLAIRE I. *Si par un point* C *d'une droite* AB *on mène d'un même côté de cette droite différentes lignes* CD, CE, CF, *la somme des angles adjacents* ACD, DCE, ECF, FCB *est égale à deux angles droits.*

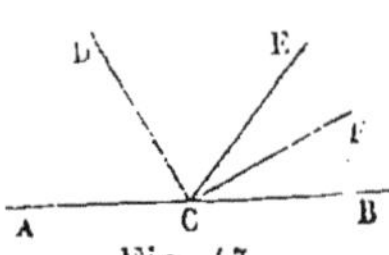

Fig. 47.

En effet, la somme des angles ACD, DCE, ECF forme l'angle ACF, et ce dernier ajouté à l'angle FCB donne deux droits, d'après le théorème précédent.

63. Corollaire II. *Si par un point* A, *on mène dans tous les sens autant de droites qu'on voudra,* AB, AC, AD, AE, AF, *la somme de tous les angles adjacents formés par ces droites est égale à quatre angles droits.*

Je prolonge l'une des droites, AD par exemple, au delà

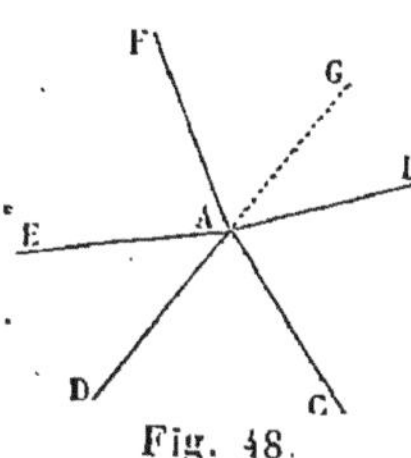
Fig. 48.

du point A, l'angle BAF se trouve ainsi décomposé en deux autres BAG et GAF ; et alors la somme de tous les angles formés autour du point A est égale à la somme des angles formés de chaque côté de la droite DG, c'est-à-dire à deux droits plus deux droits ou à quatre droits ; c. q. f. d.

64. Théorème. Réciproquement, *si deux angles adjacents* AOC, BOC *sont supplémentaires, leurs côtés extérieurs* OA, OB *sont en ligne droite.*

En effet, du point O comme centre, avec un rayon quel-

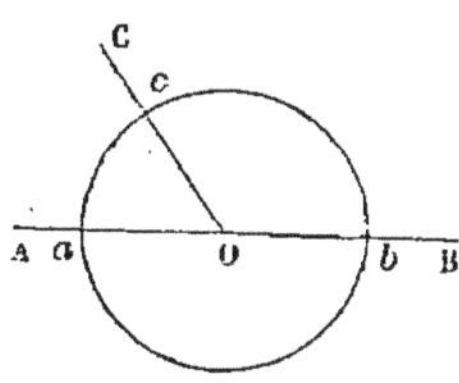
Fig. 49

conque, je décris une circonférence qui rencontre les lignes OA, OB, OC aux points a, b, c. Les arcs ac et bc ont même mesure que les angles AOC, BOC, et comme la somme de ces angles est égale à deux droits ou à 180°, la somme des arcs ac et bc vaut aussi 180°. En d'autres termes

l'arc acb est une demi-circonférence, et par suite (**45**), la ligne aOb est un diamètre, c'est-à-dire que OA et OB forment une seule et même ligne droite ; c. q. f. d.

65. Théorème. *Lorsque deux droites se coupent, les angles opposés par le sommet sont égaux.*

Lorsque deux droites AB, CD se coupent (fig. 50), elles forment quatre angles AEC, CEB, BED, DEA, qui sont deux à deux *opposés par le sommet ;* ainsi AEC et BED sont des angles opposés par le sommet ; je dis qu'ils sont égaux.

En effet, en vertu d'un théorème précédent (**61**), les angles AEC et AED sont supplémentaires ; c'est-à-dire qu'on a :

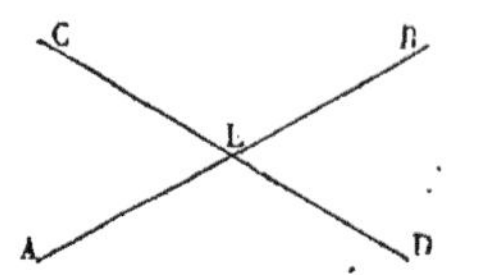

Fig. 50.

$$AEC + AED = 2 \text{ droits.}$$

Pour la même raison,

$$BED + AED = 2 \text{ droits.}$$

Si de ces deux sommes d'angles qui sont égales, nous retranchons l'angle AED, qui leur est commun, les restes seront égaux ; donc l'angle AEC est égal à l'angle BED. On démontrerait de même l'égalité des deux autres angles opposés par le sommet, AED et BEC.

66. THÉORÈME. Réciproquement, *si deux angles AEC, BED, non adjacents, et situés de côtés différents d'une même droite AB, sont égaux, les autres côtés CE, DE de ces deux angles sont en ligne droite* (fig. 50).

En effet, le prolongement de CE doit faire avec EB un angle égal à l'angle AEC (**65**); or ED fait par hypothèse avec la ligne EB un angle égal à l'angle AEC; donc ED est le prolongement de CE; c. q. f. d.

CHAPITRE V.

DES PERPENDICULAIRES ET DES OBLIQUES.

67.. Définition. Deux droites sont dites *perpendiculaires,* lorsque leur angle est droit.

Considérons deux droites indéfinies AB et CD qui se coupent en O, et supposons que l'un des quatre angles qu'elles forment entre elles, l'angle AOC, par exemple, soit droit. L'angle adjacent COB sera aussi droit ; car, d'après le théorème du n° **61**, la somme des deux angles AOC, COB est égale à deux droits ; l'un d'eux étant droit par hypothèse, l'autre est aussi droit. Les deux autres angles AOD et BOD sont droits aussi ; car ils sont respectivement égaux aux angles BOC et AOC comme opposés par le sommet. Ainsi les quatre angles formés par deux droites perpendiculaires sont droits.

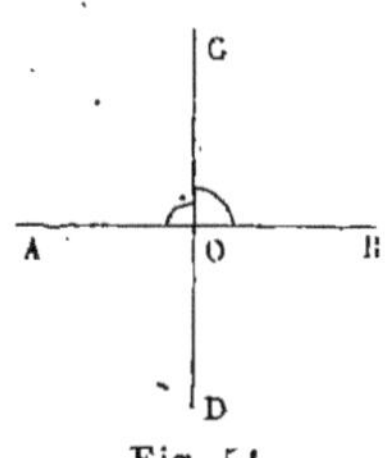

Fig. 51.

Il résulte de cette définition que par un point O, pris sur une droite AB, on ne peut lui mener qu'une seule perpendiculaire OC ; car, si l'on déplaçait la ligne OC en l'inclinant soit à droite, soit à gauche, l'angle AOC deviendrait plus grand ou plus petit qu'un droit.

Tracé des perpendiculaires.

68. Dans les arts industriels, on trace les perpendiculaires au moyen d'un instrument qu'on appelle une *équerre,* et qui se compose essentiellement de deux règles perpendiculaires l'une à l'autre.

L'équerre du dessinateur est une petite planchette mince en bois terminée par trois lignes droites ; deux des côtés sont perpendiculaires, et, pour faciliter le maniement de l'instrument, on y a pratiqué un trou circulaire qui s'appelle l'*œil* de l'équerre (fig. 52).

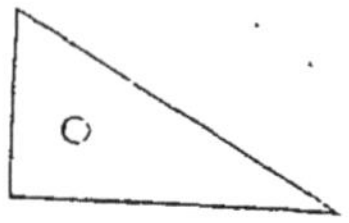

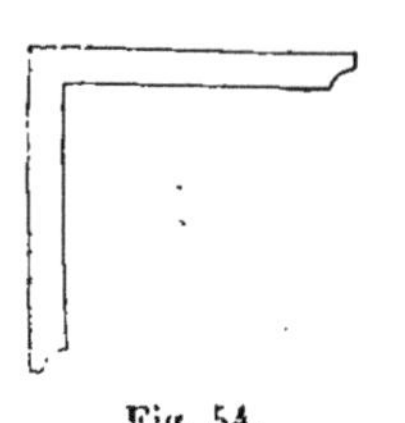

Fig. 52.

L'équerre du menuisier et du charpentier se compose de deux règles en bois assemblées à angle droit, comme l'indique la fig. 53 ; souvent la plus mince des deux règles est en acier. Comme cet instrument sert principalement à mener sur la surface d'une planche ou d'une pièce de bois des lignes perpendiculaires à son bord, l'une des règles est plus épaisse que l'autre, et forme ainsi une saillie qui est très-commode pour appuyer l'un des côtés de l'équerre sur le bord de la planche ou de la pièce de charpente.

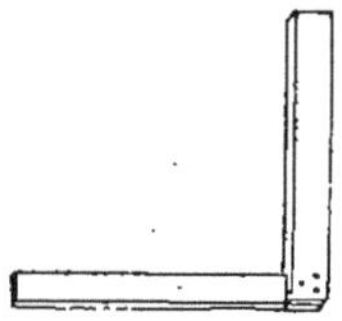

Fig. 53.

L'équerre du tailleur de pierres est ordinairement en fer et de la même forme que celle du menuisier (fig. 54).

Enfin les dessinateurs et les ouvriers emploient aussi une espèce de double équerre, nommée équerre en T à cause de sa forme (fig. 55). Le T est employé surtout pour les dessins d'architecture et de machines, où l'on doit mener un grand nombre de lignes perpendiculaires à une même droite ; on colle la feuille de papier qui doit recevoir le dessin sur une planche dont le bord est bien dressé, et on fait glisser le long de ce bord la tête du T, qui

Fig. 54.

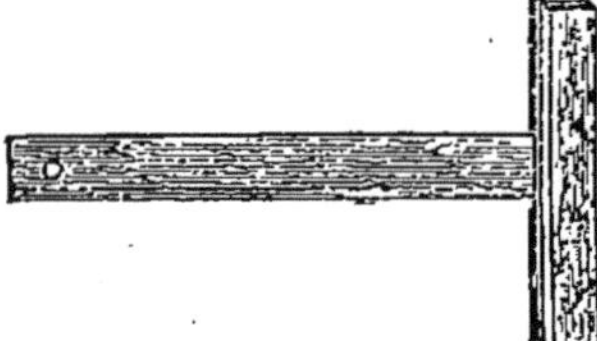

Fig. 55.

est munie d'une saillie ; la longue règle de l'instrument est alors, dans chacune de ses positions, perpendiculaire au côté de la planchette.

Tous ces instruments ont besoin d'être vérifiés, c'est-à-dire qu'il faut s'assurer que les deux règles sont bien perpendiculaires. Le procédé de vérification étant le même pour tous, je m'occuperai seulement de l'équerre du dessinateur.

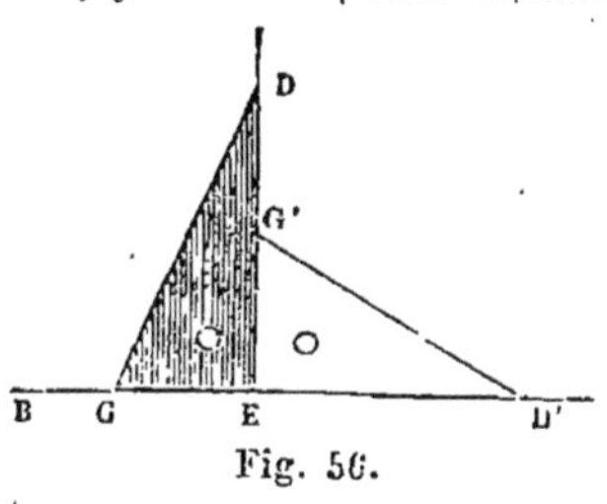

Fig. 56.

Sur une feuille de papier on trace une ligne droite BC, et on applique sur cette ligne l'un des côtés de l'angle droit de l'équerre en GE ; avec un crayon, on trace une ligne ED le long de l'autre côté de l'angle droit. On fait ensuite tourner l'équerre de manière que la même face reste toujours appliquée sur le papier et que le côté DE prenne la direction de la ligne BC, et vienne en ED' comme l'indique la figure ; on trace alors une ligne droite le long de l'autre coté EG' ; si l'angle GED est bien droit, cette seconde ligne devra coïncider avec la première ; car les deux lignes ainsi tracées doivent être toutes les deux perpendiculaires à la ligne BC au point E.

Proposons-nous maintenant de mener une perpendiculaire à une droite au moyen de l'équerre ; il y a deux cas à distinguer, suivant qu'on veut mener la perpendiculaire par un point donné sur la droite ou par un point donné hors de la droite.

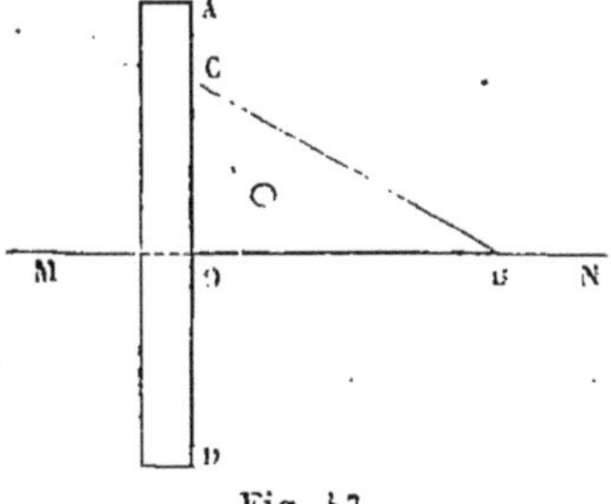

Fig. 57.

69. PROBLÈME. *Par un point O donné sur la ligne MN, lui mener une perpendiculaire* (fig. 57).

Je place l'un des côtés de l'angle droit de l'équerre sur la ligne MN, de manière que le sommet de cet angle tombe en O, et

le long de l'autre côté de l'angle droit, je trace une
ligne OC; c'est la perpendiculaire demandée. On peut
aussi appliquer le long de OC une règle AD; on enlève
alors l'équerre, et le long de AD on trace une ligne
droite.

REMARQUE. Nous donnerons plus loin (n° **105**) une construction préférable à la précédente.

70. PROBLÈME. *Par un point O pris hors d'une droite MN,
lui mener une perpendiculaire.*

Le long de MN, j'applique une règle, et contre cette règle, j'appuie l'un des côtés de l'angle droit d'une équerre

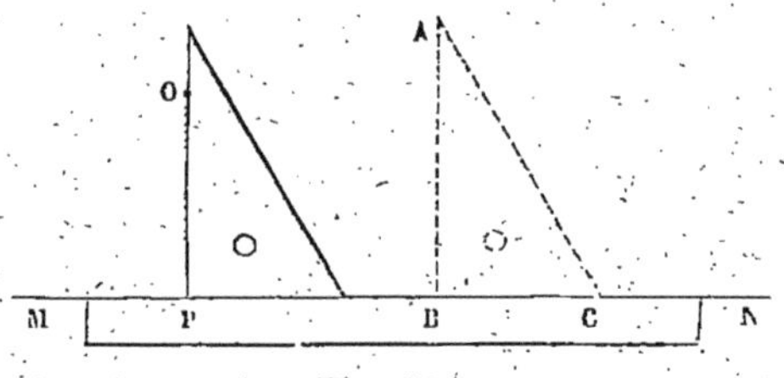

Fig. 5ᵉ.

ABC. Je fais ensuite glisser l'équerre le long de la règle jusqu'à ce que l'autre côté de l'angle droit de l'équerre passe
par le point donné O; la direction de ce côté donne la perpendiculaire OP.

71. COROLLAIRE. *D'un point O pris hors d'une droite MN,
on ne peut mener qu'une perpendiculaire à cette droite ;* car
lorsqu'on fait glisser l'équerre ABC sur la droite MN, il
n'y a évidemment qu'une position de cette équerre pour
laquelle le côté AB perpendiculaire à MN passe par le
point O.

REMARQUE I. Quand on mène une perpendiculaire à une
droite par un point pris sur la droite, on dit que la perpendiculaire est *élevée* à cette droite ; quand, au contraire,
elle est menée par un point extérieur, on dit qu'elle est
abaissée sur la droite.

REMARQUE II. L'équerre pourrait être remplacée par le rapporteur; car cet instrument peut servir à faire des angles de grandeur quelconque; on peut donc l'employer pour faire des angles de 90°, c'est-à-dire pour mener des perpendiculaires.

72. Pour tracer des perpendiculaires sur le terrain, on pourrait faire usage du graphomètre; mais il est préférable d'avoir recours à un instrument très-simple, connu sous le nom d'*équerre d'arpenteur*. Il se compose essentiellement de quatre pinnules déterminant deux directions perpendiculaires; elles sont ordinairement pratiquées sur les faces d'une boîte en cuivre à huit pans ou sur le contour d'une boîte cylindrique. Cette boîte se place à l'extrémité d'un bâton qui est le *pied* de l'équerre (fig. 59).

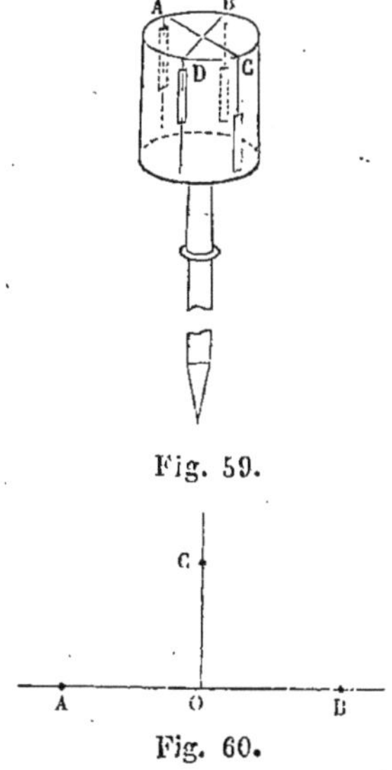

Fig. 59.

Supposons d'abord qu'on veuille élever une perpendiculaire à une droite jalonnée AB en un point O (fig. 60). En ce point on plante l'équerre et on la tourne de manière que la direction déterminée par deux pinnules opposées coïncide avec la ligne OA; on vise alors dans la direction perpendiculaire, et on fait planter par un aide un jalon C qui soit bien dans cette direction; on enlève ensuite l'équerre et on la remplace par un jalon; les deux jalons O et C déterminent la perpendiculaire.

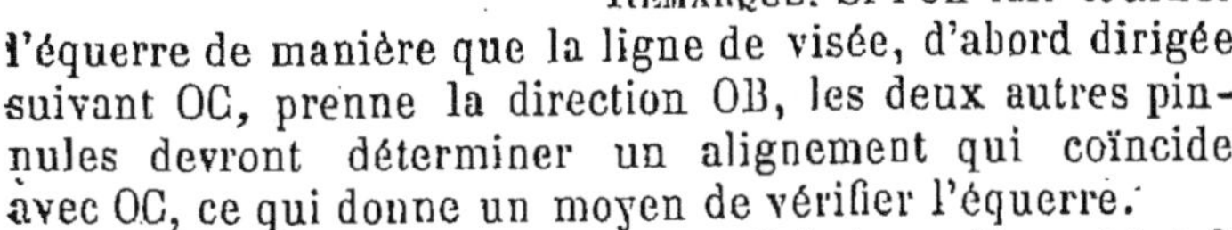

Fig. 60.

REMARQUE. Si l'on fait tourner l'équerre de manière que la ligne de visée, d'abord dirigée suivant OC, prenne la direction OB, les deux autres pinnules devront déterminer un alignement qui coïncide avec OC, ce qui donne un moyen de vérifier l'équerre.

Proposons-nous en second lieu d'abaisser d'un point O

une perpendiculaire sur une droite jalonnée AB (fig. 61). On

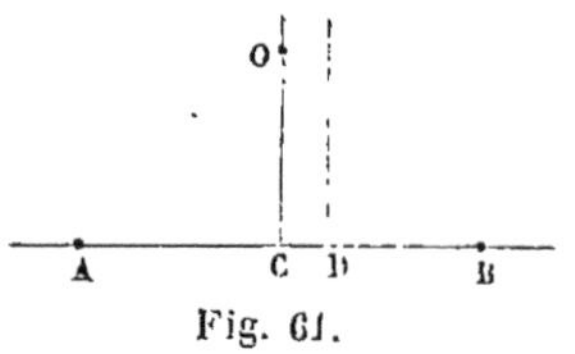

Fig. 61.

prend sur AB un point D qu'on suppose être à peu près le pied de la perpendiculaire, on y place l'équerre, et on la tourne de manière qu'une des lignes de visée soit dirigée suivant AB; puis on regarde dans la direction perpendiculaire; le plus ordinairement cette direction ne passera pas par le jalon O; on déplacera alors l'équerre le long de AB, et après quelques tâtonnements que l'habitude abrége beaucoup, on arrivera à trouver le pied C de la perpendiculaire; on y plantera un jalon, et les deux jalons O et C détermineront la droite cherchée.

73. On fait un usage continuel des perpendiculaires dans les arts; le menuisier et le charpentier ont besoin à chaque instant de couper une planche ou une pièce de bois *carrément*, c'est-à-dire de manière que les côtés soient perpendiculaires; les *mortaises* et les *tenons*, employés dans les assemblages, ne peuvent être taillés sans le secours de l'équerre; les tailleurs de pierres en ont besoin aussi, quand le parement de la pierre qu'ils travaillent doit être limité par des arêtes à angle droit. Les relieurs doivent rogner leurs livres et les cartons qui les recouvrent, suivant des droites qui soient d'équerre avec le pli des feuilles, afin que, placés sur les rayons d'une bibliothèque, les volumes ne penchent ni en avant ni en arrière. Les allées d'un jardin, les limites d'une pièce de terre sont souvent des lignes perpendiculaires. Mais c'est surtout dans le dessin des plans d'architecture et des machines, dans le tracé des épures de trait, de charpente et de coupe des pierres, que les perpendiculaires sont d'un usage constant.

74. La nature nous offre aussi des exemples de droites perpendiculaires. Imaginons un liquide en repos, la surface de ce liquide est un plan qu'on appelle *plan horizontal*, et toute droite tracée dans ce plan est dite *hori-*

zontale; telle serait la ligne déterminée par une baguette rectiligne qui flotterait à la surface du liquide. D'autre part, si, à l'extrémité d'un fil très-fin, on suspend un poids, le fil prend une direction fixe bien déterminée qu'on appelle *verticale.* L'expérience prouve qu'une horizontale et une verticale qui se rencontrent sont perpendiculaires. Les droites horizontales et verticales jouent un rôle important dans nos constructions ; ainsi la ligne d'intersection de deux murs est une droite verticale, et les lignes d'intersection des planchers avec les murs sont des lignes horizontales. Nous décrirons plus tard les instruments à l'aide desquels on peut reconnaître si une ligne est horizontale.

Propriétés de la perpendiculaire élevée au milieu d'une droite.

75. THÉORÈME. *Si par le milieu C de la ligne droite* AB, *on élève sur cette ligne la perpendiculaire* DE,

1° *Tout point pris sur* DE *est également éloigné des extrémités* A *et* B *de la droite* AB ;

2° *Tout point pris hors de la ligne* DE *est inégalement distant des mêmes extrémités* A *et* B (fig. 62).

1° Soit D un point quelconque de la ligne DE ; je le joins aux deux points A et B ; je dis que DA = DB. En effet, plions la figure le long de DE et rabattons la partie de droite du plan sur la partie de gauche ; les angles DCB et DCA étant égaux comme droits, la ligne CB s'appliquera sur CA, et comme CB est égale à CA, le point B tombera au point A ; par suite la ligne DB coïncidera avec DA ; ces deux lignes sont donc égales ; C. Q. F. D.

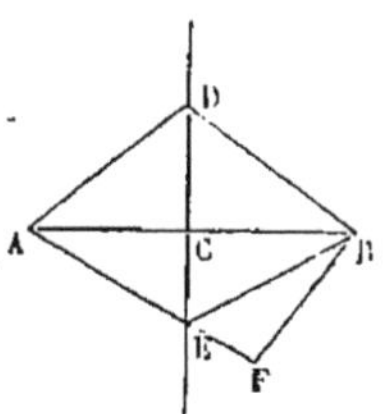

Fig. 62.

2° Je prends maintenant un point F extérieur à la ligne DE, et je le joins aux points A et B ; je dis que les deux lignes FA et FB sont inégales. En effet, l'une de ces lignes, FA par exemple, coupe la ligne DE en un certain point E, que je joins au point B : on aura, d'après ce qui précède,

EB=EA. D'ailleurs, la ligne droite FB est plus courte que la ligne brisée FEB; on a donc :

$$FB < FE + EB;$$

et si l'on remplace la ligne EB par son égale EA, on a :

$$FB < FE + EA,$$

c'est-à-dire

$$FB < FA;$$

C. Q. F. D.

76. CoROLLAIRE. *Tous les points également distants des deux extrémités A et B de la droite AB se trouvent sur la perpendiculaire DE élevée à cette droite en son milieu.*

REMARQUE. La perpendiculaire élevée à une droite en son milieu s'appelle *l'axe de symétrie* de cette droite.

La propriété que nous venons d'établir donne de nouvelles constructions très-exactes et très-simples pour mener des perpendiculaires; c'est ce que nous allons montrer dans les problèmes suivants.

77. PROBLÈME. *Élever une perpendiculaire à une droite en son milieu.*

Soit AB la droite donnée; des deux extrémités A et B de cette droite comme centres, *avec le même rayon,* je décris deux arcs de cercle qui se coupent au-dessus et au-dessous de cette droite en deux points C et D ; je mène la ligne CD ; je dis que cette ligne est perpendiculaire à la ligne AB en son milieu. En effet, d'après la construction, le point C est également distant des deux extrémités A et B de la droite AB; donc, en vertu de la seconde partie du théorème précédent, ce point C se trouve sur la perpendiculaire élevée au milieu de AB; pour la même raison, le point D appartient aussi à cette perpendiculaire ; donc la ligne CD qui joint ces deux points est la perpendiculaire élevée à la droite AB en son milieu.

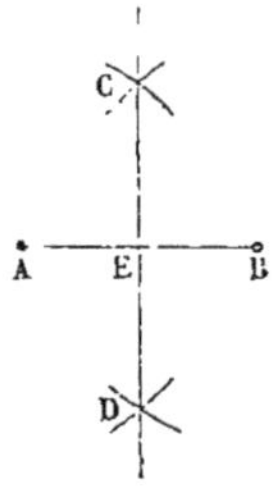

Fig. 63.

78. Corollaire. *La même construction peut servir pour trouver le milieu de la droite* AB, *ou pour diviser cette droite en deux parties égales.*

Car, d'après la démonstration précédente, la droite CD est perpendiculaire au milieu de la droite AB ; elle la coupe donc en deux parties égales au point E.

79. Problème. *Par un point* O *donné sur une droite* BC, *élever une perpendiculaire à cette droite.*

Du point O comme centre, avec un rayon quelconque , je décris un arc de cercle qui rencontre la droite donnée en

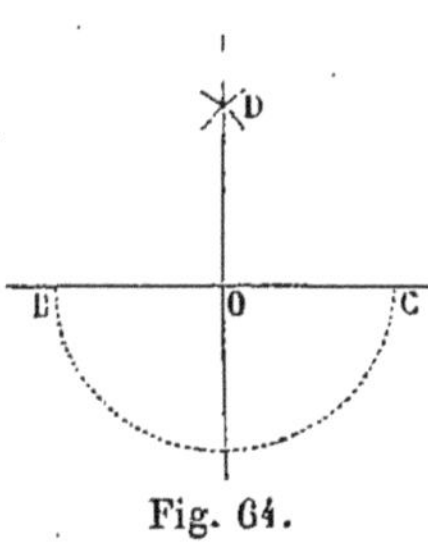
Fig. 64.

deux points B et C. Ensuite des points B et C comme centres, avec une même ouverture de compas, plus grande que la précédente, je décris deux arcs de cercle qui se coupent au point D ; la ligne OD est la perpendiculaire demandée. En effet, d'après la construction, le point O et le point D sont chacun également distants des points B et C ; donc ils appartiennent tous les deux à la perpendiculaire élevée au milieu de la ligne BC (**76**) ; donc, enfin, la ligne OD qui les joint est perpendiculaire à BC au point O ; c. q. f. d.

80. Problème. *D'un point* O *pris hors d'une droite* BC, *abaisser une perpendiculaire sur cette droite.*

Du point O comme centre, avec un rayon assez grand, je décris un arc de cercle qui rencontre la droite donnée en

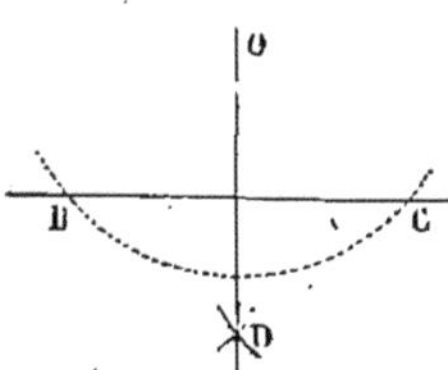
Fig. 65.

deux points B et C ; de ces points comme centres, avec une même ouverture de compas, je trace deux arcs de cercle qui se coupent en un point D, et je joins OD ; cette ligne est la perpendiculaire demandée. En effet, d'après la construction, chacun des points O et D est également distant des deux extrémités B et C de la droite BC ; donc (**76**) ils appartiennent tous les deux à la perpendiculaire élevée au milieu de la ligne BC; par conséquent la ligne OD qui les joint est perpendiculaire à BC; C. Q. F. D.

REMARQUE. Les constructions que nous venons de donner pour mener une perpendiculaire à une droite, sont bien préférables, sous le rapport de la précision, aux constructions où l'on emploie l'équerre; on devra donc en faire usage dans les épures qui demandent une grande exactitude.

Des obliques.

81. DÉFINITION. Lorsqu'une droite AB rencontre une au-

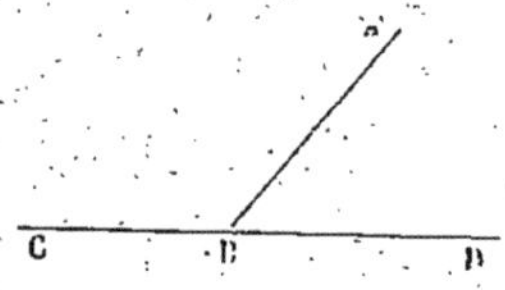

Fig. 66.

tre droite CD, et qu'elle ne lui est pas perpendiculaire, elle est dite *oblique* à la droite CD.

82. THÉORÈME. *Si d'un point A pris hors d'une droite EF, on mène à cette droite la perpendiculaire AB et une oblique quelconque AC, la perpendiculaire est plus courte que l'oblique.*

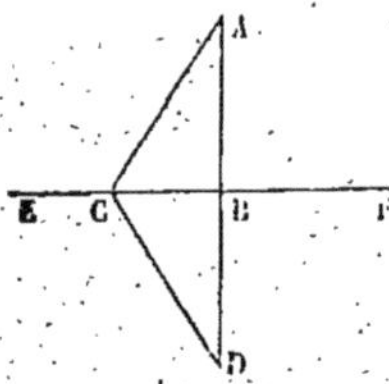

Fig. 67.

En effet, prolongeons la perpendiculaire AB d'une longueur BD égale à AB, et joignons BC; la ligne BC sera alors perpendiculaire sur la ligne AD en son milieu; par suite, en vertu du théorème du n° **75**, CA sera égale à CD. Cela posé, la ligne droite AD est plus petite que la ligne brisée ACD; d'où il résulte que la moitié de la ligne AD est plus petite que la moitié de la ligne ACD, ou bien que AB est plus courte que AC; C. Q. F. D.

83. COROLLAIRE. *La perpendiculaire abaissée d'un point sur une droite est la ligne la plus courte que l'on puisse mener de ce point à la droite.* Pour cette raison, la longueur de cette perpendiculaire a été prise comme mesure de la *distance du point à la droite*. Ainsi la distance du point A à la droite EF, c'est la longueur de la perpendiculaire AB.

84. REMARQUE. On a souvent occasion d'appliquer le théorème qui précède : ainsi, quand on veut faire un chemin pour relier une maison à une route, ou une ville à une ligne de chemin de fer qui passe dans le voisinage, il faut, pour que ce chemin soit le plus court possible, qu'il ait une direction perpendiculaire à la route ou au chemin de fer.

Lorsqu'on emploie des supports de bois ou de fer pour soutenir une poutre, un dessus de porte, etc., on dépense moins de bois ou de métal, en mettant ces supports d'équerre avec les pièces qu'ils doivent supporter, qu'en les plaçant obliquement.

Lorsqu'un liquide s'écoule le long d'un plan incliné, par exemple sur la pente d'un toit, on voit les filets liquides suivre une direction bien déterminée qu'on appelle la *ligne de plus grande pente* du plan incliné ; l'expérience prouve que cette direction est perpendiculaire sur l'une quelconque des lignes horizontales qu'on peut mener dans le plan ; d'où résulte cette conséquence, que le liquide suit le chemin le plus court possible pour arriver au bord du toit.

85. THÉORÈME. *Si d'un point A pris hors d'une droite EF, on mène à cette droite la perpendiculaire AB et diverses obliques,*

1° *Deux obliques qui s'écartent également du pied de la perpendiculaire sont égales ;*

2° *De deux obliques qui s'écartent inégalement du pied de la perpendiculaire, celle qui s'en écarte le plus est la plus longue.*

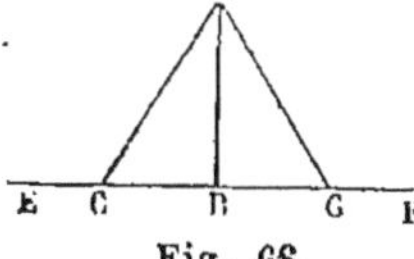
Fig. 68.

1° Je suppose que les deux obliques AC, AG soient également éloignées du pied de la perpendiculaire AB, c'est-à-dire que BC=BG ; je dis que ces deux obliques sont égales. En effet, la ligne BA est perpendiculaire au milieu de la ligne CG ; donc **(75)** le point A est également distant des points C et G ; c'est-à-dire que AC est égale à AG ; c. q. f. d.

2° Soient AC et AG (fig. 69) deux obliques inégalement éloignées du pied B de la perpendiculaire AB, et supposons BG > BC ; je dis que l'on a : AG > AC. En effet, prenons sur BG une longueur BD égale à BC, et joignons AD ; cette ligne sera égale à AC, d'après ce qui précède ; au point D,

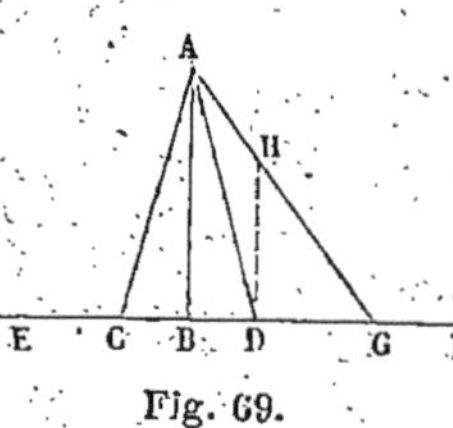

Fig. 69.

j'élève à la ligne EF une perpendiculaire qui rencontre la ligne AG au point H. La ligne droite AD est plus courte que la ligne brisée AH + HD ; or, la perpendiculaire HD est plus courte que l'oblique HG ; donc, à plus forte raison, la ligne AD est moindre que AH + HG ou que AG, et comme AC est égale à AD, on a enfin :

$$AC < AG;$$

c. q. f. d.

86. Corollaire I. *D'un point pris hors d'une droite, on ne peut lui mener plus de deux obliques égales entre elles.*

Car on ne peut mener plus de deux obliques également éloignées du pied de la perpendiculaire.

87. Corollaire II. Il résulte immédiatement des deux théorèmes qui précèdent que :

Si deux obliques sont égales, elles sont également éloignées du pied de la perpendiculaire ;

Et que, si deux obliques sont inégales, elles sont inégalement éloignées du pied de la perpendiculaire.

88. Applications. Le théorème précédent peut servir à mener une perpendiculaire à une droite, et surtout à vérifier si une droite est bien perpendiculaire à une autre.

La construction qui sert à mener les perpendiculaires revient en définitive à celles que nous avons déjà données dans les n°ˢ **79** et **80**. Il convient de remarquer que le procédé qui y est indiqué peut s'appliquer sur le terrain, lorsque les perpendiculaires que l'on veut mener n'ont pas une très-grande longueur ; on remplace alors le compas par un cordeau.

La vérification des perpendiculaires n'offre aucune difficulté ; on prend sur l'une des droites, de part et d'autre du pied de la perpendiculaire, deux longueurs égales, et on mesure les distances des deux points ainsi obtenus à un point quelconque de la perpendiculaire : ces deux distances doivent être égales d'après le théorème précédent. Ce procédé de vérification est employé par les charpentiers, les menuisiers, les tailleurs de pierres, etc.

CHAPITRE VI.

DES PARALLÈLES.

89. THÉORÈME. *Deux lignes droites* AB, CD, *perpendiculaires à une même droite* EF, *ne peuvent se rencontrer, à quelque distance qu'on les prolonge.*

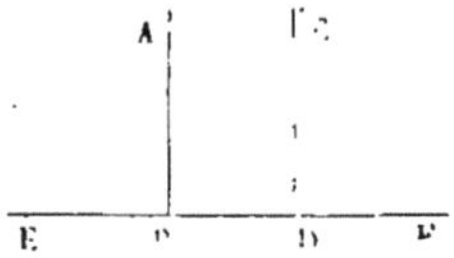

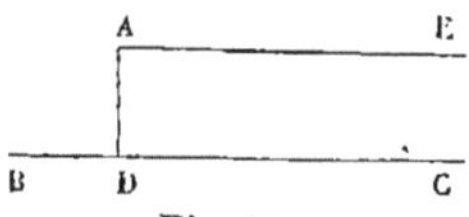

Fig. 70.

En effet, les lignes AB et CD ne peuvent avoir aucun point commun, puisque d'un même point on ne peut mener qu'une perpendiculaire à la ligne EF (**71**).

90. DÉFINITION. Deux droites sont dites *parallèles*, lorsque, situées dans un même plan, et prolongées indéfiniment, elles ne se rencontrent pas.

Il résulte du théorème précédent que *deux perpendiculaires à une même droite sont parallèles.*

91. PROBLÈME. *Par un point* A *donné hors d'une droite* BC, *mener une parallèle à cette ligne.*

Du point A, j'abaisse sur BC la perpendiculaire AD, et j'élève ensuite par ce même point A une perpendiculaire AE à la droite AD; la ligne AE est parallèle à BC; car ces deux droites sont toutes les deux perpendiculaires à la droite AD.

Fig. 71.

92. REMARQUE. Cette construction peut s'appliquer sur le terrain comme sur le papier; sur le papier, la construction est très-simple, quand on fait usage de l'équerre. Proposons-nous de mener par le point A une parallèle à la ligne BC; le long de cette ligne j'applique l'un des côtés de l'angle droit d'une équerre DEF, et je place une règle contre l'autre côté de l'angle droit DF ; je fais ensuite glisser l'é-

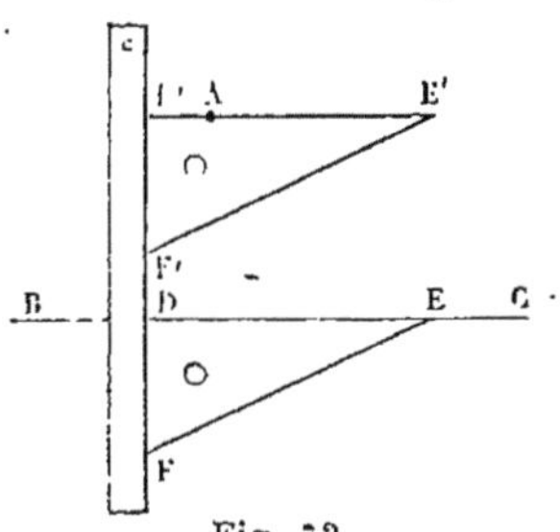

Fig. 72.

querre le long de la règle jusqu'à ce que le côté DE passe par le point A, et je trace la ligne droite D'E' ; c'est la parallèle demandée ; car les deux droites BC, D'E' sont toutes les deux perpendiculaires à la règle.

De même, avec le T que nous avons décrit précédemment, on peut mener des lignes parallèles qui sont toutes perpendiculaires au bord de la planche le long duquel glisse la tête de l'instrument. Les menuisiers emploient, pour mener des parallèles, une espèce de T, appelé *trusquin,* sur lequel nous reviendrons.

93. Postulatum. Nous admettrons comme évident que, *par un point pris hors d'une droite, on ne peut mener qu'une parallèle à cette droite.*

94. Corollaire I. *Si deux droites* AB *et* CD *sont parallèles, toute droite* MN *qui rencontre l'une d'elles rencontre aussi l'autre.*

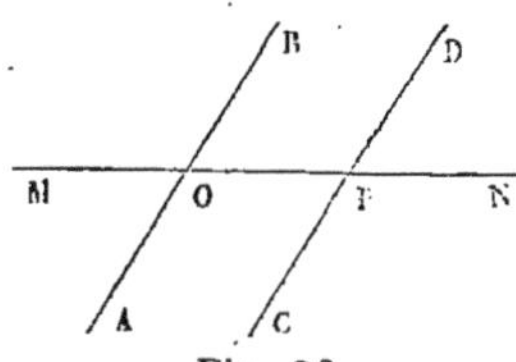

Fig. 73.

Supposons que MN rencontre AB au point O ; je dis que cette ligne rencontrera aussi CD ; car si la ligne MN ne rencontrait pas CD, on pourrait par le point O mener à CD deux parallèles, AB et MN, ce qui est impossible.

95. Corollaire II. *Deux droites* AB *et* CD, *parallèles à une même droite* MN, *sont parallèles entre elles.*

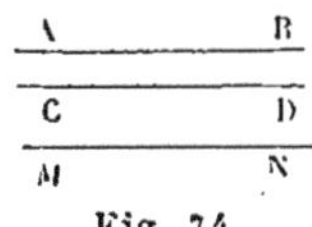

Fig. 74.

Car si les lignes AB et CD n'étaient pas parallèles, de leur point de rencontre on pourrait mener deux parallèles à la droite MN, ce qui est impossible.

96. Théorème. *Si deux lignes droites* AB, CD *sont paral-*

lèles, toute droite perpendiculaire à l'une est aussi perpendiculaire à l'autre.

« Je suppose que EK soit perpendiculaire à AB, je dis qu'elle est aussi perpendiculaire à CD. En effet, si, par le point K, on menait une ligne perpendiculaire à EK, elle serait parallèle à AB (**89**); mais par le point K on ne peut mener d'autre parallèle à AB que la ligne CD ; donc CD est perpendiculaire à EK, ou, ce qui est la même chose, EK est perpendiculaire à CD ; c. q. f. d.

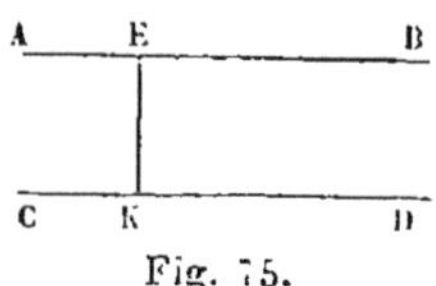

Fig. 75.

97. Définitions. Lorsque deux droites AB, CD, sont coupées, aux points G et H, par une troisième droite EF, qu'on nomme alors une *sécante*, on appelle :

Angles *alternes-internes*, deux angles non adjacents situés de côtés différents de la sécante et entre les deux droites : il y en a deux couples, savoir, les angles AGH, DHG, et les angles BGH, CHG;

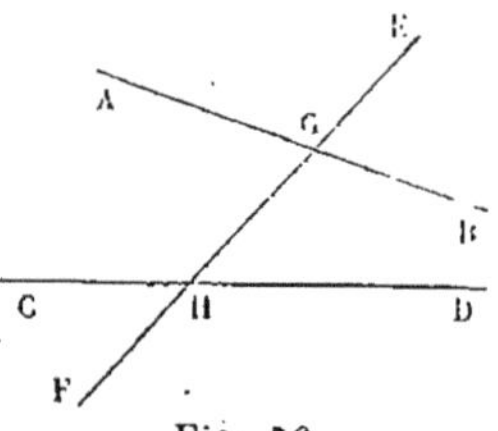

Fig. 76.

Angles *alternes-externes*, deux angles non adjacents situés de côtés différents de la sécante et en dehors des deux droites : il y en a aussi deux couples, savoir, les angles AGE, DHF, et les angles BGE, CHF;

Angles *correspondants* deux angles non adjacents, situés du même côté de la sécante, l'un entre les droites AB et CD, et l'autre en dehors; il y a quatre couples d'angles correspondants, savoir, les angles BGE, DHG, les angles BGH, DHF, les angles AGE, CHG, et les angles AGH, CHF.

98. Théorème. *Si deux droites, coupées par une sécante, forment avec elle des angles alternes-internes égaux, ou des angles alternes-externes égaux, ou des angles correspondants égaux, ces deux droites sont parallèles.*

1° Soient deux droites AB, CD, coupées par une sécante

EF aux points G et H; je suppose d'abord que les angles alternes-internes AGH et DHG soient égaux ; je dis que les deux droites AB et CD sont parallèles.

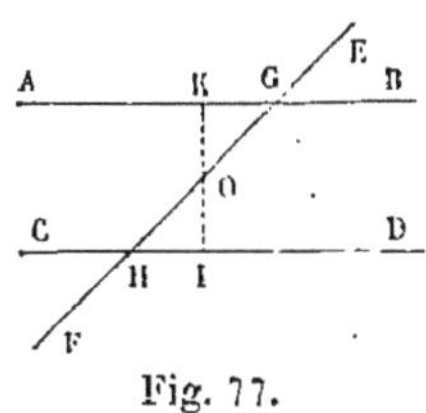

Fig. 77.

En effet, je prends le milieu O de la ligne GH, et par ce point je mène une ligne IK perpendiculaire à AB; les angles IOH et KOG sont égaux comme opposés par le sommet. Cela posé, faisons tourner la figure formée par les droites OH, OI et CD autour du point O, jusqu'à ce que la ligne OH s'applique sur son égale OG; l'angle OHD étant égal, par hypothèse, à l'angle OGA, la ligne HD prendra la direction de GA ; de même, l'angle HOI étant égal à l'angle GOK, et la ligne OH coïncidant avec OG, la ligne OI prendra la direction OK ; les lignes HD et OI sont donc respectivement appliquées sur les lignes GA et OK ; mais celles-ci sont perpendiculaires par hypothèse ; donc il en est de même des lignes HD et OI, ou CD et KI ; par suite, les deux lignes AB et CD, étant perpendiculaires à une même droite IK, sont parallèles (**89**) ; c. q. f. d.

Si les deux autres angles alternes-internes BGH, CHG étaient égaux, la proposition serait encore vraie; car de l'égalité de ces deux angles, on conclut celle des angles AGH, DHG, qui sont respectivement supplémentaires des deux premiers (**61**).

2° Je suppose maintenant que deux angles alternes-externes, par exemple, AGE, DHF, soient égaux; je dis que les droites AB, CD sont parallèles. En effet, les angles AGE, BGH sont égaux comme opposés par le sommet; pour la même raison, DHF est égal à CHG ; donc l'égalité des angles alternes-externes entraîne celle des angles alternes-internes; par suite, lorsque deux angles alternes-externes sont égaux, les droites sont parallèles.

3° Supposons enfin que deux angles correspondants quelconques, par exemple, BGE, DHG, soient égaux; je dis que les droites sont parallèles. En effet, BGE=AGH comme angles opposés par le sommet; donc DHG est égal à AGH, et comme ces angles sont alternes-internes, les droites qui les forment sont parallèles ; C. Q. F. D.

99. THÉORÈME. Réciproquement, *deux droites parallèles, coupées par une sécante, forment avec elle :*
1° *Des angles alternes-internes égaux ;*
2° *Des angles alternes-externes égaux ;*
3° *Des angles correspondants égaux.*

1° Soient AB, CD deux lignes parallèles, EF une sécante qui les coupe en G et en H ; je dis que les angles alternes-internes sont égaux, par exemple, que l'angle AGH est égal à l'angle DHG.

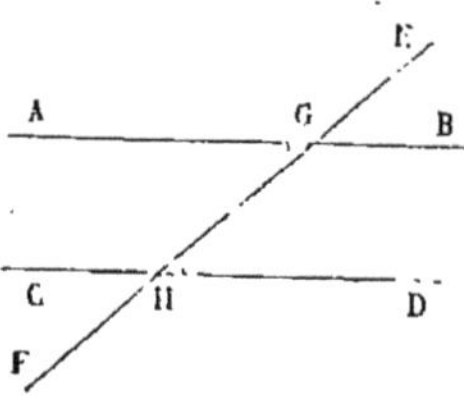

Fig. 78.

En effet, imaginons qu'on mène par le point H une ligne faisant avec GH un angle égal à l'angle AGH ; en vertu du théorème précédent, cette ligne sera parallèle à AB ; mais par le point H on ne peut mener d'autre parallèle à AB que la ligne HD (**95**) ; donc HD est une ligne qui forme avec GH un angle égal à l'angle AGH ; c'est-à-dire que l'angle DHG est égal à l'angle AGH ; C. Q. F. D.

On ferait voir de même que l'angle BGH est égal à l'angle CHG.

2° Je dis que les angles alternes-externes sont égaux. En effet, deux angles alternes-externes sont égaux respectivement à deux angles alternes-internes comme opposés par le sommet ; et comme les angles alternes-internes sont égaux entre eux, il en est de même des angles alternes-externes.

3° Les angles correspondants sont aussi égaux. Prenons, par exemple, les angles BGE, DHG ; les angles BGE et AGH sont égaux comme opposés par le sommet, et DHG = AGH, comme angles alternes-internes ; donc BGE = DHG ; C. Q. F. D.

100. REMARQUE. Deux parallèles forment avec une sécante huit angles dont quatre aigus et quatre obtus. Le théorème précédent montre que *les quatre angles aigus sont égaux entre eux, ainsi que les quatre angles obtus*; et de plus, on voit sur la figure que *chaque angle obtus est le supplément de chacun des angles aigus*.

Ce théorème a de nombreuses applications : il fournit de nouvelles méthodes que nous allons indiquer pour mener des parallèles.

101. PROBLÈME. *Par un point O donné hors d'une droite MN, mener une parallèle à cette droite.*

1re *Solution*, à l'aide de la règle et du compas (fig. 79).

Du point O comme centre, avec un rayon quelconque, je décris un arc de cercle BD qui coupe MN au point B; et

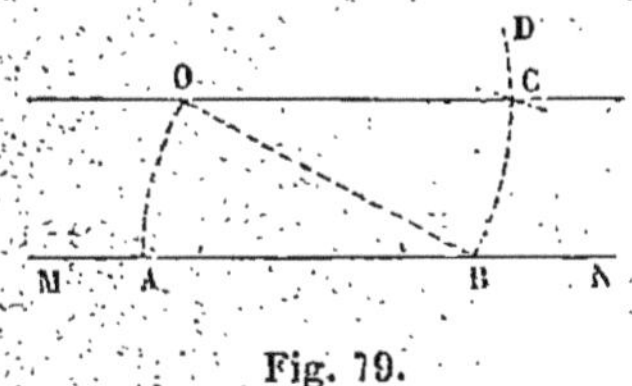

Fig. 79.

du point B comme centre, avec le même rayon, je trace un arc de cercle qui passe par le point O, et rencontre MN au point A; du même point B comme centre, avec une ouverture de compas égale à la distance AO, je décris un arc de cercle qui coupe le premier au point C; enfin je joins OC; je dis que cette ligne est parallèle à MN. En effet, je joins OB; les deux angles OBA, COB sont des angles au centre dans les deux circonférences égales décrites des points B et O comme centres; de plus, ces angles interceptent des arcs OA et BC qui sont égaux d'après la construction. Donc les angles OBA, COB sont égaux (**51**); or, ces angles sont alternes-internes par rapport aux droites MN et OC coupées par la sécante OB; donc ces droites sont parallèles (**98**).

2e *Solution*, à l'aide de la règle et de l'équerre (fig. 80).

J'applique le plus long côté AB de l'équerre sur la droite donnée MN, et je place une règle contre le côté AC de l'équerre. Je fais ensuite glisser l'équerre le long de cette règle jusqu'à ce que le côté AB passe par le point O, en PQ, et je trace la ligne PQ; je dis qu'elle est parallèle à MN. En effet,

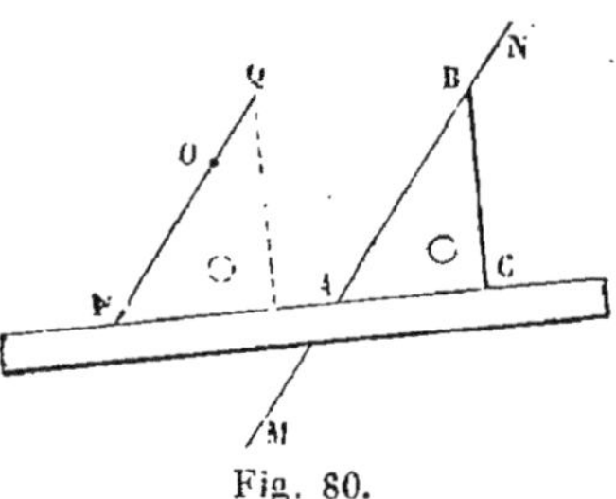

Fig. 80.

les deux angles QPA, BAC sont égaux, puisque c'est le même angle de l'équerre dans deux positions différentes; or, ces angles sont correspondants par rapport aux deux droites PQ, MN, coupées par la sécante PC; donc ces droites sont parallèles (98); c. q. f. d.

102. Remarque. Les deux solutions qui précèdent reviennent en définitive à mener deux lignes formant avec une sécante deux angles alternes-internes ou deux angles correspondants égaux. On peut les appliquer sur le terrain en les modifiant légèrement.

103. Corollaire. On peut employer une construction analogue pour mener par un point A une perpendiculaire à une droite BC;

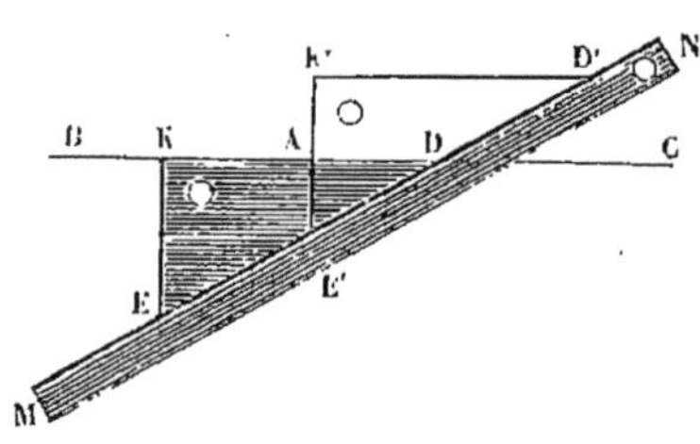

Fig. 81.

on place l'équerre en EKD, de manière qu'un des côtés de l'angle droit soit dirigé suivant BC; ensuite on applique une règle MN contre le plus long côté de l'équerre, et on fait glisser cette équerre le long de la règle, jusqu'à ce que l'autre côté de l'angle droit passe par le point A; la direction E'K' de ce côté est alors parallèle à EK, et par suite, perpendiculaire à BC (96).

104. Problème. *Par un point A, situé hors d'une droite BC, mener une droite qui fasse avec la première un angle égal à un angle donné K (fig. 82).*

Par un point D quelconque de la ligne BC, je mène une ligne DE qui fasse avec BC un angle égal à l'angle donné K

(60); et par le point A, je mène AF parallèle à DE; cette ligne FA est la ligne demandée. Car l'angle AFC est égal à

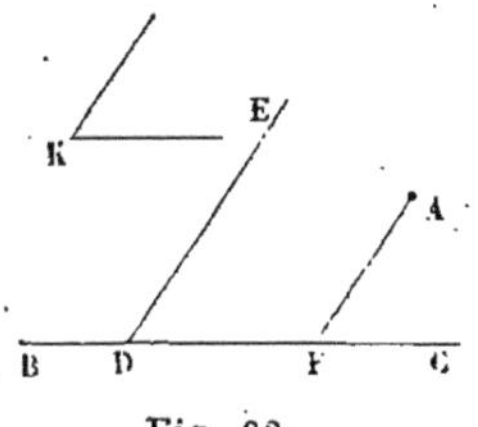

Fig. 82.

l'angle EDC comme angles correspondants formés par les parallèles AF, DE coupées par la sécante BC; or, l'angle EDC est égal à l'angle donné K; donc il en est de même de l'angle AFC.

REMARQUE. Le problème a deux solutions; car par le point D, on peut mener deux lignes faisant avec BC un angle égal à K, l'une formant cet angle avec DC, et l'autre, avec DB.

105. THÉORÈME. *Deux angles ABC, DEF qui ont les côtés parallèles deux à deux, et dirigés dans le même sens, sont égaux.*

Je prolonge le côté DE jusqu'à sa rencontre avec BC en G;

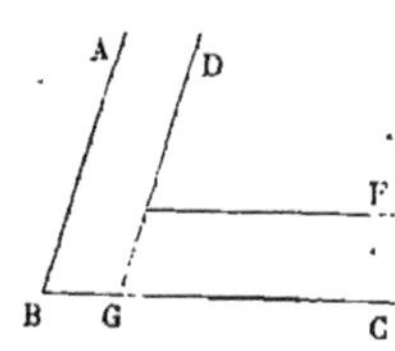

Fig. 83.

les deux angles ABC, DGC sont égaux comme angles correspondants formés par les parallèles AB, DG coupées par la sécante BC ; de même les angles DEF, DGC sont égaux comme angles correspondants formés par les parallèles BC, EF coupées par la sécante DG; les deux angles ABC, DEF, étant égaux tous les deux à l'angle DGC, sont égaux entre eux; C. Q. F. D.

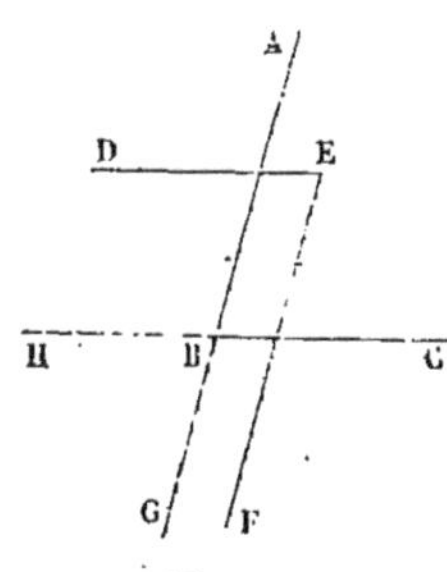

Fig. 84.

106. COROLLAIRE I. *Deux angles ABC, DEF, qui ont les côtés parallèles deux à deux et dirigés en sens contraire, sont égaux.*

En effet, prolongeons au delà du sommet les côtés de l'angle ABC; l'angle HBG sera égal à l'angle DEF en vertu du théorème précédent; or, les angles ABC, HBG sont égaux comme opposés par le sommet; donc ABC = DEF; C. Q. F. D.

107. Corollaire II. *Si deux angles ont deux côtés paral-*
lèles et dirigés dans le même sens et les deux autres parallèles
et dirigés en sens contraire, ces angles sont supplémentaires.

En effet, considérons les deux angles DEF, ABH (fig. 84),
qui remplissent les conditions de l'énoncé; l'angle ABH est
le supplément de ABC (**61**), et ABC est égal à DEF; donc
ABH et DEF sont supplémentaires.

108. Théorème. *Deux angles qui ont les côtés perpendicu-*
laires sont égaux ou supplémentaires.

Soient ABC, DEF deux angles qui ont les côtés respectivement perpendiculaires; je fais tourner l'angle DEF autour de son sommet E, de manière que le côté DE décrive

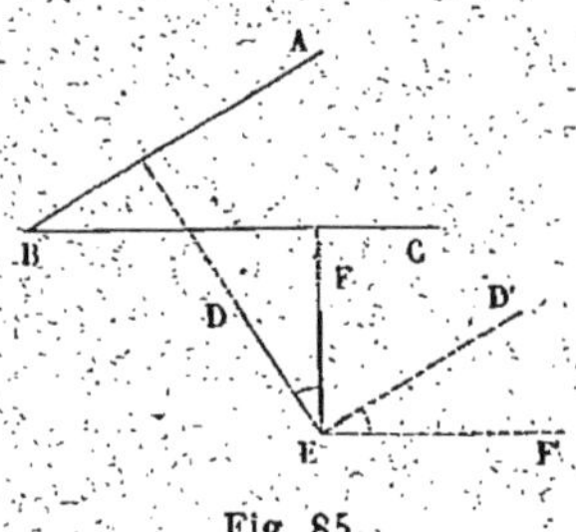

Fig. 85.

un angle droit et vienne prendre
la direction ED′ perpendiculaire
à ED; le côté EF prendra alors
la direction EF′; je dis que la
ligne EF′ est perpendiculaire à
EF. En effet, l'angle DEF est
égal à l'angle D′EF′ d'après la
construction, et si l'on retranche
successivement ces deux angles
égaux de l'angle total DEF′, les
angles restants FEF′, DED′ se-
ront égaux; or, l'angle DED′ est droit par hypothèse; donc,
l'angle FEF′ est droit aussi, et la ligne EF′ est perpendiculaire à EF. Cela posé, les deux lignes BA, ED′, perpendiculaires à une même droite ED, sont parallèles (**89**); de
même les deux droites BC, EF′, perpendiculaires à EF, sont
parallèles; par suite, les deux angles ABC, D′EF′, ont les
côtés parallèles; donc, ils sont égaux ou supplémentaires
(**105, 106** et **107**); et comme l'angle D′EF′ est égal à l'angle DEF, les angles ABC, DEF sont aussi égaux ou supplémentaires; c. Q. F. D.

Remarque. Les angles ABC, DEF seront égaux, s'ils sont
tous les deux aigus ou tous les deux obtus; ils seront supplémentaires, si l'un d'eux est aigu, et l'autre obtus.

109. Théorème. *Deux parallèles comprises entre deux droites parallèles sont égales.*

Soient AC et BD deux parallèles comprises entre les droites parallèles AB et CD ; je dis que AC = BD. En effet,

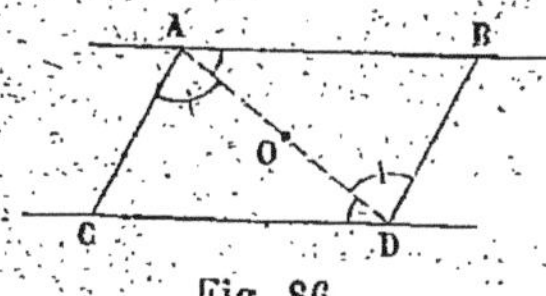

Fig. 86.

joignons AD ; les deux angles BAD, CDA sont égaux comme angles alternes-internes formés par les parallèles AB, DC coupées par la sécante AD ; de même les angles BDA et CAD sont égaux comme alternes-internes par rapport aux parallèles BD et CA coupées par la sécante AD. Cela posé, prenons le milieu O de la ligne AD, et faisons tourner la figure ADC autour du point O dans son plan, jusqu'à ce que la ligne OD s'applique sur son égale OA ; l'angle ODC étant égal à l'angle OAB, la ligne DC prendra la direction AB, et le point C tombera quelque part sur AB. En même temps, la ligne OA viendra coïncider avec OD, et l'angle OAC étant égal à l'angle ODB, la ligne AC prendra la direction DB, et le point C tombera quelque part sur DB. Le point C devant se trouver à la fois sur AB et sur DB coïncidera avec le point B ; donc AC sera superposée à DB ; donc ces deux lignes sont égales ; c. q. f. d.

110. Corollaire. *Si deux droites AB, CD sont parallèles, et qu'on leur mène deux perpendiculaires communes EG et FH, les portions de ces lignes comprises entre les parallèles sont égales.*

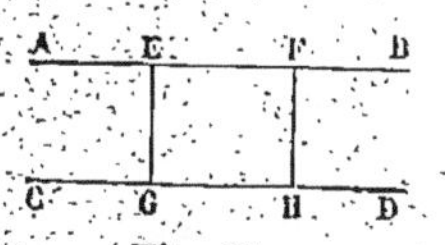

Fig. 87.

En effet, les lignes EG, FH, perpendiculaires à une même droite AB, sont parallèles ; donc, d'après le théorème précédent, elles sont égales.

Remarque. La longueur de la perpendiculaire commune à deux droites parallèles étant la même, en quelque point qu'on la construise, il est naturel de la prendre pour mesure de la distance des deux droites parallèles ; le corollaire précédent peut alors s'énoncer ainsi : *deux parallèles sont partout également distantes.*

111. THÉORÈME. *Réciproquement, si par différents points C, D, E d'une droite AB, et d'un même côté de cette droite, on mène des lignes CF, DG, EH parallèles et égales, les extrémités de toutes ces parallèles sont sur une même ligne droite parallèle à la première droite AB.*

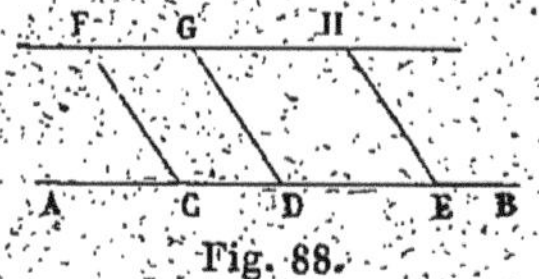

Fig. 88.

En effet, si par le point F on mène une parallèle à AB, elle devra intercepter sur les lignes DG, EH des longueurs égales à CF (**109**); donc elle passera par les points G et H; donc enfin les points F, G et H sont sur une même droite parallèle à AB; c. q. f. d.

112. COROLLAIRE. *Si par deux points E et F d'une droite AB et du même côté de cette droite, on lui mène deux perpendiculaires EG, FH ayant la même longueur, la ligne GH qui joint les extrémités de ces perpendiculaires est parallèle à la ligne AB.*

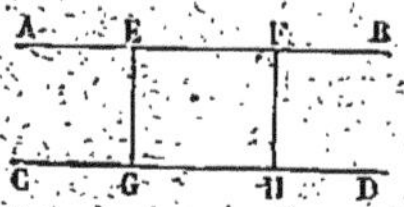

Fig. 89.

Car les deux lignes EG, FH, perpendiculaires à une même droite AB, sont parallèles.

113. REMARQUE. Le corollaire précédent fournit un nouveau moyen de mener une parallèle à une droite. Si, par exemple, on veut mener par le point G une parallèle à AB, on abaisse de ce point une perpendiculaire GE sur la ligne AB, et en un autre point F de AB, on élève à cette ligne une perpendiculaire sur laquelle on prend une longueur FH égale à EG, et on joint GH; c'est la parallèle demandée.

Cette construction est la plus exacte de toutes quand on veut mener une parallèle d'une grande étendue; on a soin alors que les perpendiculaires EG, FH soient très-écartées l'une de l'autre. On pourrait même, comme vérification, mener plus de deux perpendiculaires égales entre elles; leurs extrémités devraient être bien exactement en ligne droite.

114. C'est encore sur cette propriété des parallèles d'être partout également distantes qu'est fondé l'usage du *trusquin*, instrument qu'emploient les menuisiers pour tracer à la sur-face d'une planche une parallèle au bord recti-ligne de cette planche. Cet instrument se com-pose d'une règle carrée AB garnie d'une pointe à son extrémité, et s'en-fonçant à frottement dur dans une planchette car-rée CD, qui est à angle droit sur la règle. Si l'on fait glisser cette planchette le long du bord MN d'une table, la pointe A tracera une ligne qui aura tous ses points à égale distance de MN, et qui par conséquent sera parallèle à cette droite.

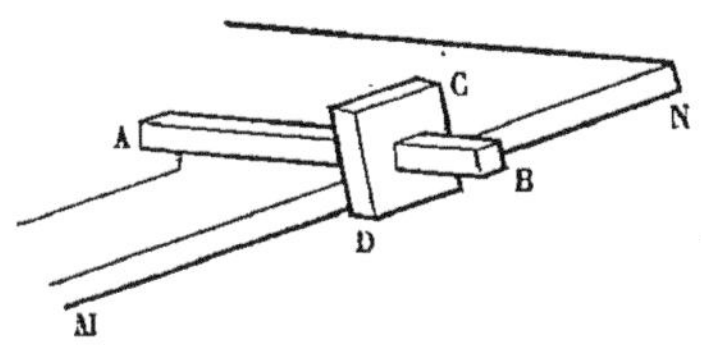

Fig. 90.

115. APPLICATIONS. Les droites parallèles se rencontrent très-fréquemment dans tous les produits des arts et de l'in-dustrie; les pierres de taille, les pièces de bois, les portes, les fenêtres employées dans nos constructions ont leurs arê-tes parallèles pour la plupart; les bords opposés d'une feuille de papier, d'une pièce d'étoffe, d'une planche, d'une feuille de tôle, sont parallèles. Les deux côtés d'un che-min, d'une allée, d'un canal, les deux rails d'une voie de fer, sont parallèles tant qu'ils conservent une direction rec-tiligne. Les échelons d'une échelle, les lignes qui forment la portée dans l'écriture musicale, les sillons tracés par les dents d'une herse nous offrent encore des exemples de li-gnes parallèles. L'architecture trouve dans le parallélisme des lignes un des éléments principaux de cette régularité et de cette symétrie qui ont tant de charme pour l'œil. La nature elle-même nous fournit de nombreux exemples de lignes parallèles dans les corps qui affectent des formes géo-métriques, comme les alvéoles des abeilles et une foule de cristaux.

CHAPITRE VII.

DES LIGNES PROPORTIONNELLES.

Des rapports et des proportions.

116. Deux grandeurs de même espèce étant données, on a souvent besoin de les comparer l'une à l'autre pour savoir combien de fois la première contient la seconde, ou combien la première contient de parties égales de la seconde. Le nombre qu'on obtient comme résultat de cette comparaison s'appelle le *rapport* de la première grandeur à la seconde. Supposons, par exemple, qu'on donne deux angles, et que le premier contienne exactement 5 fois le second, le rapport du premier angle au second sera le nombre entier 5. Prenons encore deux longueurs, et supposons que la première ne contienne pas exactement la seconde, mais qu'elle contienne 7 fois, par exemple, la neuvième partie de la seconde; on dira que la première longueur vaut les $\frac{7}{9}$ de la seconde, ou bien que le rapport de la première longueur à la seconde est égal à la fraction $\frac{7}{9}$.

Par analogie, on appelle *rapport de deux nombres* le quotient *exact* de ces deux nombres, ce quotient pouvant être alors un nombre entier ou une fraction. Ainsi le rapport du nombre 18 au nombre 6 est le quotient de 18 : 6 ou 3; le rapport du nombre 9 au nombre 5 est le quotient de 9 : 5 ou la fraction $\frac{9}{5}$.

117. *Pour avoir le rapport de deux grandeurs de même espèce, on mesure ces deux grandeurs avec une même unité, et on prend le rapport des deux nombres ainsi obtenus.*

Supposons qu'on veuille avoir le rapport de deux longueurs, par exemple, et qu'en mesurant ces longueurs au moyen du mètre, on ait trouvé que la première vaut $0^m,51$, et la seconde $1^m,6$; je dis que leur rapport sera le quotient des deux nombres $0,51 : 1,6$. En effet, si nous exprimons chaque longueur en centimètres, nous voyons que la première en contient 51, et la seconde, 160; la première longueur contient donc 51 fois la 160ᵉ partie de la seconde; c'est-à-dire que le rapport de la première longueur à la seconde est égal à $\dfrac{51}{160}$; or on sait par l'arithmétique que cette fraction est égale au quotient de $0,51 : 1,6$; donc ce quotient représente bien le rapport des deux longueurs.

C'est par ce moyen que, dans les leçons précédentes, on a déterminé le rapport de deux arcs de cercle ayant le même rayon et le rapport des deux angles.

118. On dit que quatre nombres sont en *proportion*, quand le rapport du premier nombre au second est égal au rapport du troisième nombre au quatrième; on peut donc dire qu'*une proportion est l'égalité de deux rapports*. Par exemple, les quatre nombres 6, 5, 18, 15 sont en proportion; car le rapport $\dfrac{6}{5}$ est égal au rapport $\dfrac{18}{15}$, comme il est facile de le vérifier; on écrit cette proportion de la manière suivante :

$$\frac{6}{5} = \frac{18}{15},$$

ou encore $\qquad 6 : 5 = 18 : 15.$

Les deux nombres 6 et 15 s'appellent les termes *extrêmes* de la proportion, et les deux autres 5 et 18 s'appellent les deux *moyens*.

119. *Dans toute proportion, le produit des extrêmes est égal au produit des moyens* (1). En effet, prenons la proportion

$$\frac{6}{10} = \frac{9}{15};$$

(1) Nous avons cru devoir démontrer brièvement les principales propriétés des proportions dont nous ferons usage dans ce chapitre.

cette proportion exprime que les deux fractions $\dfrac{6}{10}$ et $\dfrac{9}{15}$ sont égales; donc si on les réduit au même dénominateur, elles devront avoir le même numérateur; or on sait que pour réduire deux fractions au même dénominateur, on peut multiplier les deux termes de la première par le dénominateur de la seconde, et les deux termes de la seconde par le dénominateur de la première; les deux nouvelles fractions seront donc:

$$\frac{6 \times 15}{10 \times 15} \text{ et } \frac{9 \times 10}{10 \times 15};$$

et puisque ces deux fractions doivent avoir des numérateurs égaux, on aura :

$$6 \times 15 = 9 \times 10;$$

égalité qui exprime que le produit des termes extrêmes 6 et 15 de la proportion est égal au produit des moyens 9 et 10; c. q. f. d.

120. Réciproquement, *si quatre nombres sont tels que le produit des extrêmes soit égal au produit des moyens, ces quatre nombres sont en proportion.*

Soient quatre nombres 3, 12, 4 et 16, tels que le produit des extrêmes, 3×16, soit égal au produit des moyens, 12×4; je dis que ces quatre nombres forment une proportion. En effet, on a par hypothèse :

$$3 \times 16 = 12 \times 4;$$

divisons ces deux produits égaux par 16×12, ils ne cesseront pas d'être égaux, et l'on aura :

$$\frac{3 \times 16}{16 \times 12} = \frac{12 \times 4}{16 \times 12};$$

simplifions la première fraction en divisant les deux termes par 16, et la seconde, en divisant ses deux termes par 12, nous aurons :

$$\frac{3}{12} = \frac{4}{16};$$

ce qui prouve que les quatre nombres sont en proportion ;
C. Q. F. D.

121. Il résulte des principes précédents que *dans une proportion, on peut changer les moyens ou les extrêmes de place, ou encore, mettre les moyens à la place des extrêmes, sans que la proportion cesse d'être exacte.* Ainsi la proportion

$$6 : 5 = 18 : 15$$

donne les suivantes :

$$6 : 18 = 5 : 15 \qquad 5 : 6 = 15 : 18$$
$$15 : 5 = 18 : 6 \qquad 18 : 6 = 15 : 5$$
$$15 : 18 = 5 : 6 \qquad 5 : 15 = 6 : 18$$
$$18 : 15 = 6 : 5$$

122. *Pour avoir le quatrième terme d'une proportion, quand on connaît les trois autres, on divise le produit des moyens par l'extrême connu.*

Ainsi, si les trois premiers termes d'une proportion sont 7, 15 et 14, le quatrième terme devra être tel que, multiplié par 7, il donne un produit égal à 15×14 ; ce quatrième terme est donc :

$$\frac{15 \times 14}{7} = 30 ;$$

et la proportion complète est :

$$\frac{7}{15} = \frac{14}{30}.$$

123. *Dans une suite de rapports égaux, le rapport de la somme des numérateurs à la somme des dénominateurs est égal à l'un quelconque des rapports donnés.* Ainsi, si l'on a,

$$\frac{3}{5} = \frac{6}{10} = \frac{12}{20} = \frac{9}{15} = \frac{21}{35} ;$$

on forme un rapport égal à chacun des précédents, en ajoutant ensemble les numérateurs et les dénominateurs :

$$\frac{3+6+12+9+21}{5+10+20+15+35}=\frac{51}{85}=\frac{3}{5}.$$

En effet, dire que le rapport de 6 à 10 est égal à $\frac{3}{5}$, c'est dire que 6 est les $\frac{3}{5}$ de 10; pour la même raison, 12 est les $\frac{3}{5}$ de 20, 9 est les $\frac{3}{5}$ de 15, et 21 est les $\frac{3}{5}$ de 35; d'ailleurs 3 est évidemment les $\frac{3}{5}$ de 5; donc enfin la somme $3+6+12+9+21$ est égale aux $\frac{3}{5}$ de la somme $5+10+20+15+35$; en d'autres termes, le rapport de ces deux sommes est égal à $\frac{3}{5}$; C. Q. F. D.

124. Enfin, *dans une proportion, le rapport de la somme ou de la différence des numérateurs à la somme ou à la différence des dénominateurs est égal au rapport du premier terme au troisième ou du second au quatrième.* Exemple : prenons la proportion :

$$\frac{7}{9}=\frac{21}{27},$$

on aura :

$$\frac{7+21}{9+27}=\frac{21-7}{27-9}=\frac{7}{9}=\frac{21}{27}.$$

Cette propriété, qui n'est qu'un cas particulier de la précédente, se démontre par le même raisonnement.

125. Tels sont les principes d'arithmétique qui sont nécessaires pour étudier les propriétés des lignes proportionnelles. J'ajouterai que, pour abréger l'écriture et les raisonnements, on a coutume, en géométrie, d'indiquer le rapport de deux lignes comme celui de deux nombres;

ainsi nous écrirons $\dfrac{AB}{CD}$ pour exprimer le rapport de la longueur AB à la longueur CD, ou, ce qui est la même chose, le rapport des nombres qui mesurent les deux lignes AB et CD. De même quand nous écrirons AB $\times$ CD, il faudra entendre par là le produit des nombres qui mesurent les longueurs AB et CD.

Quand le rapport de deux longueurs est égal au rapport de deux autres, on dit que ces longueurs sont *proportionnelles*.

Des lignes proportionnelles.

126. THÉORÈME. *Lorsque des parallèles coupent des droites concourantes et interceptent sur l'une d'elles des segments égaux, les segments de l'autre sont aussi égaux entre eux.*

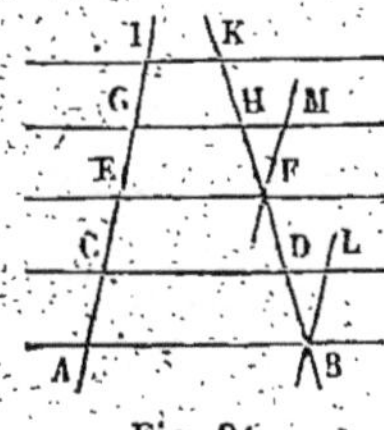

Fig. 91.

Soient AB, CD, EF, GH, IK, des droites parallèles qui rencontrent deux droites non parallèles AI et BK; je suppose de plus que les segments AC, CE, EG, GI, que ces parallèles interceptent sur l'une des droites, soient tous égaux entre eux; je dis qu'il en sera de même des segments déterminés sur la droite BK, c'est-à-dire qu'on aura :

$$BD = DF = FH = HK.$$

Je prends deux quelconques de ces lignes, par exemple, BD et FH, et par les points B et F je mène des parallèles à AI; la première rencontre CD au point L, et la seconde coupe GH au point M; ces deux lignes BL, FM parallèles à une même droite AI, sont parallèles entre elles. Les parallèles BL et AC, comprises entre deux droites parallèles AB et CD, sont égales (**109**), et il en est de même des droites FM et EG; d'ailleurs AC est égale à EG par hypothèse; donc BL = FM. De plus les angles MFH, LBD sont égaux

comme correspondants par rapport aux parallèles FM, BL
coupées par la sécante BK, et les deux angles FMH, BLD
sont égaux comme ayant les côtés parallèles deux à deux et
dirigés dans le même sens (**105**). Cela posé, faisons glisser
la figure MFH le long de la ligne KB, jusqu'à ce que le
point F arrive en B, le point H tombant quelque part sur la
ligne BK ; les deux angles MFH, LBD étant égaux, la ligne FM prendra alors la direction BL, et comme ces deux
lignes ont la même longueur, le point M coïncidera avec le
point L ; comme de plus l'angle FMH est égal à l'angle
BLD, la ligne MH prendra la direction LD, et le point H
devra se trouver sur LD ou sur son prolongement ; mais le
point H doit aussi se trouver sur BD ; il tombera donc exactement au point D, et par conséquent FH coïncidera avec
BD ; ces deux lignes sont donc égales ; c. q. f. d.

127. THÉORÈME. *Trois parallèles interceptent sur deux
droites des segments proportionnels.*

Soient AB, CD, EF, trois lignes parallèles qui coupent les
deux droites AE, BF ; je dis que le rapport de la longueur
AC à la longueur CE est égal au rapport
de la longueur BD à la longueur DF,
c'est-à-dire qu'on a la proportion :

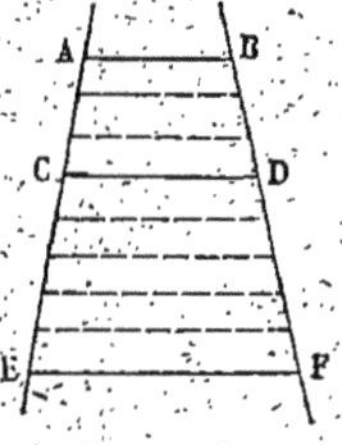

Fig. 92.

$$\frac{AC}{CE} = \frac{BD}{DF}.$$

En effet, supposons, pour fixer les idées,
que le rapport de AC à CE soit égal à $\frac{3}{5}$,

c'est-à-dire que AC vaille les $\frac{3}{5}$ de CE ; alors, si l'on partage CE en 5 parties égales, AC contiendra 3 de ces
parties. Par les points de division des lignes AC, CE, je
mène des parallèles à AB ; ces lignes interceptent sur AE
des segments égaux ; donc les segments qu'elles détermineront sur BF seront aussi égaux entre eux. D'ailleurs, BD
contient 3 de ces segments égaux, et DF en contient 5 ; BD

vaut donc les $\frac{3}{5}$ de DF ; en d'autres termes, le rapport de BD à DF est égal à $\frac{3}{5}$. Les deux rapports $\dfrac{AC}{CE}$ et $\dfrac{BD}{DF}$, étant égaux tous les deux à $\frac{3}{5}$, sont égaux entre eux ; C. Q. F. D.

128. CoROLLAIRE I. Il pourrait arriver que les deux lignes AE et BF se rencontrassent sur l'une des trois parallèles ; la démonstration précédente serait encore vraie. Alors, suivant que le point de rencontre des lignes AE et BF tomberait sur l'une des parallèles extrêmes ou sur la parallèle intermédiaire, on aurait l'une ou l'autre des deux figures ci-jointes.

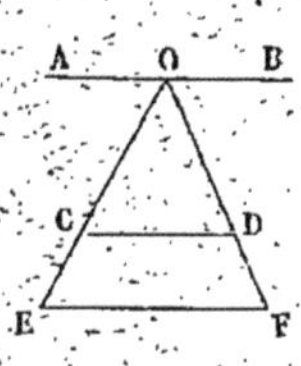

Fig. 93.

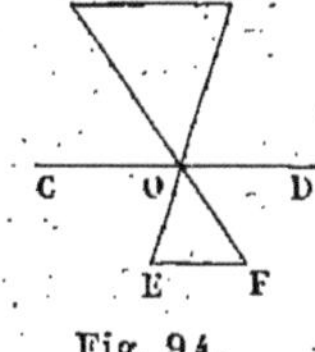

Fig. 94.

Dans la première figure, le théorème précédent nous donne la proportion

$$\frac{OC}{CE} = \frac{OD}{DF},$$

ou, en changeant les moyens de place,

$$\frac{OC}{OD} = \frac{CE}{DF};$$

de cette proportion, on déduit par le principe du n° **124,**

$$\frac{OC + CE}{OD + DF} = \frac{OC}{OD} = \frac{CE}{DF};$$

et enfin, si l'on remarque que OC + CE = OE et que OD + DF = OF, on a l'égalité de rapports :

$$\frac{OC}{OD} = \frac{OE}{OF} = \frac{CE}{DF}. \qquad [1]$$

Dans la deuxième figure, on a de même la proportion,

$$\frac{OB}{OF} = \frac{OA}{OE},$$

ou, en changeant les moyens de place,

$$\frac{OB}{OA} = \frac{OF}{OE},$$

d'où l'on déduit, comme dans le premier cas,

$$\frac{OB}{OA} = \frac{OF}{OE} = \frac{BF}{AE}. \qquad [2]$$

Les égalités de rapports [1] et [2] nous démontrent la propriété suivante :

Si l'on coupe les côtés d'un angle ou leurs prolongements par deux droites parallèles, le rapport des distances du sommet de l'angle aux deux points où la première parallèle rencontre les deux côtés est égal au rapport des distances du sommet aux points où la seconde parallèle rencontre les mêmes côtés, et aussi au rapport des segments que les deux parallèles interceptent sur les côtés ; ou, plus brièvement : *Quand les côtés d'un angle sont coupés par deux parallèles, les distances du sommet de l'angle aux points d'intersection des parallèles avec les côtés sont proportionnelles.*

129. CoROLLAIRE II. *Si des parallèles en nombre quelconque coupent deux droites, les segments qu'elles interceptent sur ces deux droites sont proportionnels.*

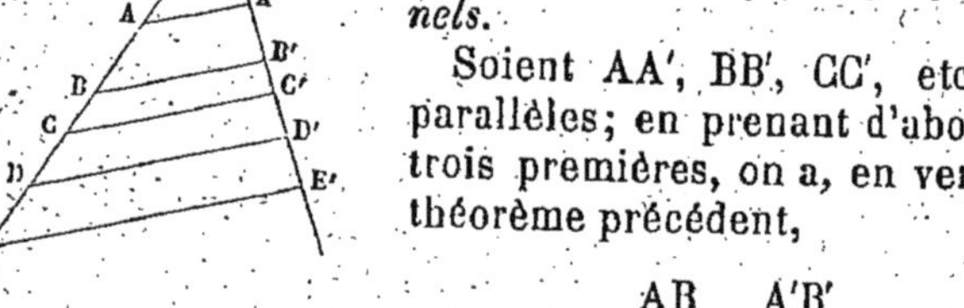

Fig. 95.

Soient AA', BB', CC', etc., les parallèles ; en prenant d'abord les trois premières, on a, en vertu du théorème précédent,

$$\frac{AB}{BC} = \frac{A'B'}{B'C'};$$

ou, changeant les moyens de place,

$$\frac{AB}{A'B'} = \frac{BC}{B'C'};$$

on aura de même

$$\frac{BC}{B'C'} = \frac{CD}{C'D'} \quad \text{et} \quad \frac{CD}{C'D'} = \frac{DE}{D'E'}.$$

Toutes ces proportions sont donc formées de rapports égaux, et l'on peut alors les réunir en une seule égalité comprenant tous les rapports égaux :

$$\frac{AB}{A'B'} = \frac{BC}{B'C'} = \frac{CD}{C'D'} = \frac{DE}{D'E'},$$

c'est ce qu'il fallait démontrer.

130. PROBLÈME. — *Diviser une ligne droite donnée AB en parties égales.*

Proposons-nous de partager AB en cinq parties égales

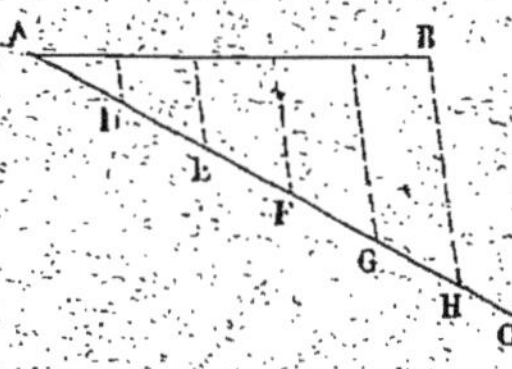

Fig. 95.

par exemple : par le point A, je mène une ligne quelconque AC, sur laquelle je porte à partir du point A cinq longueurs égales AD, DE,...., GH; je joins BH, et par les points de division de la ligne AH je mène des parallèles à BH; ces parallèles partagent AB en parties égales. C'est une conséquence évidente du théorème du n° **126.**

131. PROBLÈME. *Diviser une droite donnée AB en parties proportionnelles à des longueurs données M, N, P.*

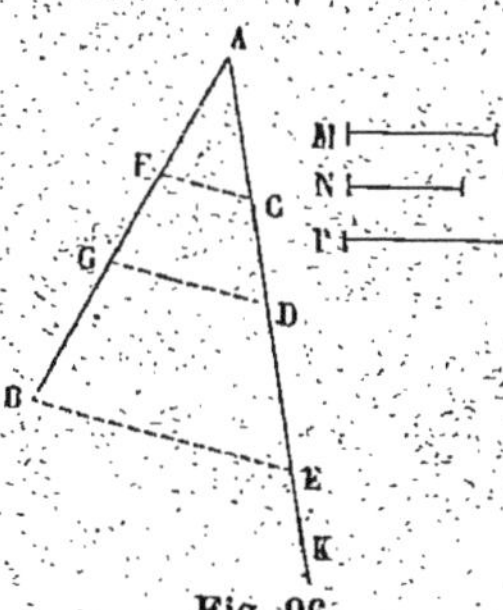

Fig. 96.

Par le point A, menons une droite indéfinie AK, et prenons sur cette droite, à partir du point A et à la suite l'une de l'autre, trois longueurs AC, CD, DE, respectivement égales à M, N et P. Joignons les points B et E, et par les points C et D, menons des parallèles à BE; ces lignes partageront AB en parties proportionnelles à M, N et P; car, d'après le corollaire du n° **129,** les lignes BE, GD, FC interceptent sur les deux droites AB et AE des segments proportionnels; or les segments de la ligne AE sont précisément les longueurs M, N et P; donc les segments de AB sont proportionnels à M, N et P, c'est-à-dire qu'on a :

$$\frac{AF}{M} = \frac{FG}{N} = \frac{GB}{P}.$$

152. REMARQUE. On pourrait, par la même construction, partager la ligne AB en parties proportionnelles à des nombres donnés: proposons-nous par exemple de diviser la ligne AB en parties proportionnelles aux nombres 9, 7 et 10; on choisira une longueur quelconque pour unité, par exemple le millimètre ou le centimètre, et on portera sur la ligne indéfinie AK : 1° une longueur AC égale à 9 unités ; 2° une longueur CD égale à 7 unités ; 3° enfin une longueur DE égale à 10 unités ; puis on achèvera la construction comme précédemment.

153. PROBLÈME. *Construire une quatrième proportionnelle à trois lignes données* M, N, P.

On appelle *quatrième proportionnelle* à trois lignes données le quatrième terme d'une proportion dont les lignes données sont les trois premiers termes. On devra donc avoir soin d'énoncer les lignes données dans un ordre convenable; la quatrième porportionnelle aux trois lignes M, N, P est une ligne X, telle qu'on ait :

$$\frac{M}{N} = \frac{P}{X};$$

d'où l'on déduirait (**122**) :

$$X = \frac{N \times P}{M};$$

la quatrième proportionnelle aux lignes N, P, M serait une autre ligne Y donnée par la proportion

$$\frac{N}{P} = \frac{M}{Y};$$

d'où $Y = \dfrac{M \times P}{N}$; et cette ligne a une longueur différente de la première.

1ᵉ Solution. Je fais un angle quelconque BAC (fig. 97), et je prends sur AB, à partir du point A, deux longueurs AD et AE respectivement égales à M et à N, et sur l'autre côté CA, à partir du point A, je prends AF égale à P; puis je joins DF, et par le point E je mène EG parallèle à DF; la ligne AG sera la quatrième proportionnelle demandée; car, d'après le corollaire du n° **128**, on a la proportion :.

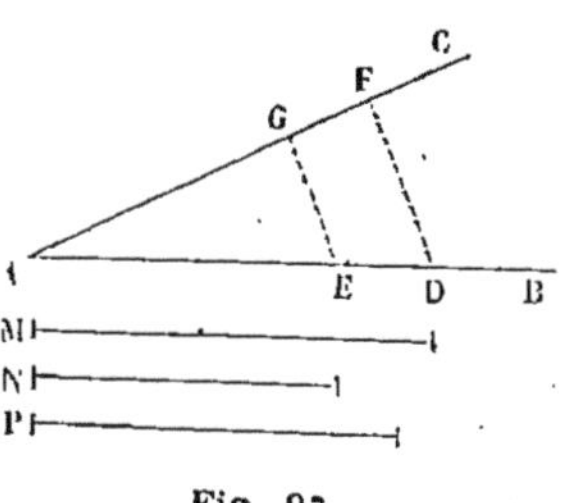

Fig. 97.

$$\frac{AD}{AE} = \frac{AF}{AG}, \quad \text{ou} \quad \frac{M}{N} = \frac{P}{AG};$$

donc AG est la quatrième proportionnelle aux lignes M, N, P.

2ᵉ *Solution*. Je fais encore un angle quelconque; sur l'un des côtés je prends à la suite l'une de l'autre une longueur AB égale à M, et une longueur BC égale à N; puis, sur l'autre côté, je prends une longueur AD égale à P;

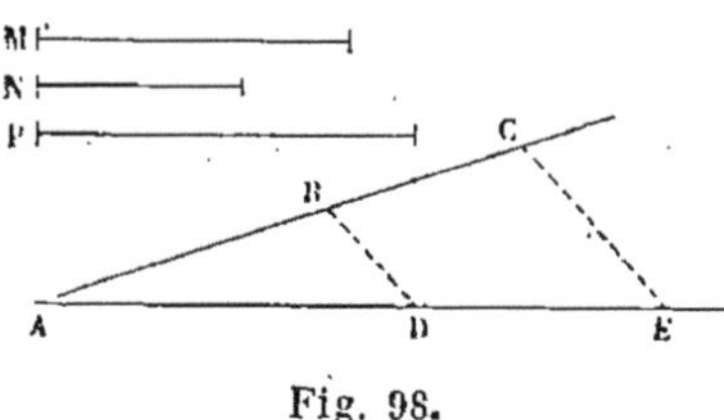

Fig. 98.

je joins BD, et par le point C, je mène CE parallèle à BD; DE sera la quatrième proportionnelle cherchée; car en vertu du corollaire du n° **128**, on a la proportion :

$$\frac{AB}{BC} = \frac{AD}{DE}, \quad \text{ou} \quad \frac{M}{N} = \frac{P}{DE}.$$

154. REMARQUE. Si la ligne P était égale à la ligne N, les constructions précédentes ne seraient pas modifiées; seulement, au lieu d'appeler la ligne cherchée, quatrième proportionnelle aux lignes M, N et P, on lui donne alors le nom de *troisième proportionnelle* aux lignes M et N.

135. THÉORÈME. *Si deux droites AB et CD interceptent sur les côtés d'un angle O des segments proportionnels, ces deux droites sont parallèles.*

Je suppose qu'on ait la proportion

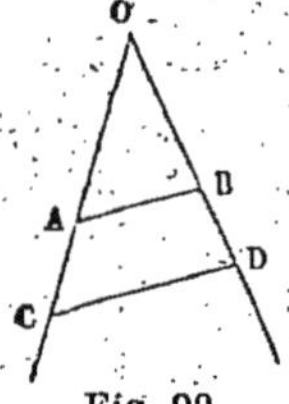

Fig. 99.

$$\frac{OA}{OB} = \frac{AC}{BD};$$

je dis que les droites AB et CD sont parallèles. En effet, par le point C menons une parallèle à AB, et désignons par D′ le point inconnu où elle coupera la ligne OB; on aura, en vertu du corollaire du n° **128**,

$$\frac{OA}{OB} = \frac{AC}{BD'};$$

en comparant cette proportion à la précédente, on voit que les trois premiers termes sont les mêmes; donc les derniers termes sont égaux; donc BD = BD′; par conséquent le point D′ n'est autre que le point D, c'est-à-dire que CD est parallèle à AB; C. Q. F. D.

REMARQUE. Le théorème serait encore vrai, si l'on avait la proportion :

$$\frac{OA}{OB} = \frac{OC}{OD},$$

ou la proportion :

$$\frac{AC}{BD} = \frac{OC}{OD}$$

car on peut tirer de l'une ou de l'autre de ces proportions (*V.* le numéro **128**) la proportion

$$\frac{OA}{OB} = \frac{AC}{BD},$$

et quand celle-ci est satisfaite, les droites AB et CD sont parallèles, d'après le théorème précédent.

136. APPLICATION. On peut se servir de ce théorème pour

mener, avec la chaîne seule, une parallèle à une droite donnée sur le terrain.

Soit AB la droite donnée à laquelle on veut mener une parallèle par le point C. On joint le point C à un point quelconque O du terrain ; cette ligne rencontre la droite donnée au point A ; on mesure alors avec la chaîne les deux longueurs OA et AC. On joint ensuite le point O à un second point B de la droite AB, et on mesure la ligne OB. On calcule le quatrième terme d'une proportion dont les longueurs mesurées OA, AC, OB sont les trois premiers termes, et on porte la longueur calculée à partir du point B sur le prolongement de OB ; le point D, ainsi déterminé, appartient à la parallèle demandée, en vertu du théorème précédent.

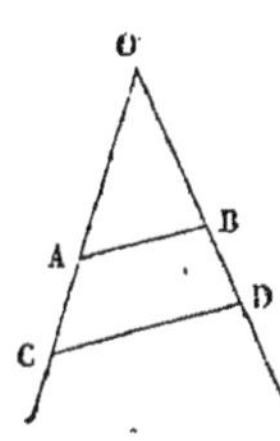

Fig. 100.

157. Théorème. *Si deux droites concourantes AB, AC sont coupées par deux parallèles BC et DE, les portions de ces parallèles comprises entre les droites concourantes sont proportionnelles aux segments de ces deux droites compris entre leur point de concours et les parallèles correspondantes.*

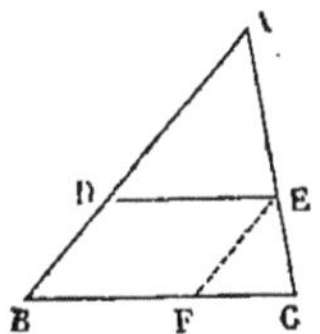

Fig. 101.

Il faut démontrer qu'on a :

$$\frac{BC}{DE} = \frac{AC}{AE}.$$

Pour cela, je mène par le point E une parallèle EF à la droite AB ; les deux droites concourantes CA et CB sont coupées par les deux parallèles FE et AB ; donc on a la proportion (**128**) :

$$\frac{BC}{BF} = \frac{AC}{AE};$$

d'ailleurs les lignes BF et DE sont égales comme parallèles comprises entre parallèles (**109**) ; donc on peut remplacer

BF par DE dans la proportion précédente, et l'on a :

$$\frac{BC}{DE} = \frac{AC}{AE};$$

C. Q. F. D.

Remarque I. On aurait de même :

$$\frac{BC}{DE} = \frac{AB}{AD};$$

en réunissant ces deux proportions, on a l'égalité de rapports suivante :

$$\frac{BC}{DE} = \frac{AC}{AE} = \frac{AB}{AD}.$$

Remarque II. Le théorème serait encore vrai, si le point A était compris entre les deux parallèles.

158. Corollaire. Ce théorème nous fournit un nouveau moyen de *diviser une droite en deux parties qui aient entre elles un rapport donné.*

Proposons-nous de diviser la ligne AB dans le rapport de deux lignes données M et N ; par les extrémités A et B de la droite AB, je mène deux lignes AC et BD, parallèles et de sens contraire, et sur ces lignes je prends des longueurs AC et BD respectivement égales à M et à N ; puis je joins CD ; cette ligne coupe AB en un point E qui est le point de division cherché ; car on a, en vertu du théorème précédent :

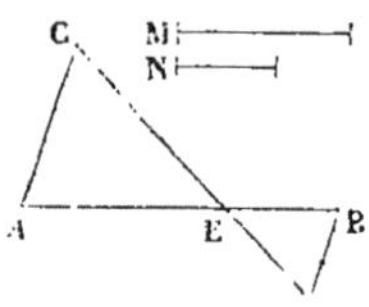

Fig. 102.

$$\frac{EA}{EB} = \frac{AC}{BD} = \frac{M}{N}.$$

159. Application. C'est encore sur le théorème précédent que reposent la construction et l'usage de l'instrument qu'on appelle *échelle de réduction.*

Supposons qu'on veuille faire le *plan* d'un terrain, c'est-à-dire, représenter sur le papier une figure toute pareille à celle que forment sur le terrain les chemins, les cours d'eau, les maisons, les séparations des héritages, etc. On sera obligé de faire cette figure en petit sur le papier, ou, comme on dit, de la *réduire;* mais pour que l'image du terrain soit fidèle, il faudra que toutes les lignes soient réduites *dans la même proportion;* on donnera, par exemple, aux lignes tracées sur le papier des longueurs 100 fois ou 2,500 fois ou 5 000 fois plus petites que les longueurs des lignes correspondantes du terrain. On appelle *échelle du plan* le rapport des longueurs tracées sur le plan aux longueurs correspondantes mesurées sur le terrain; dire que l'échelle d'un plan est $\frac{1}{100}$ par exemple, c'est dire que les lignes du terrain seront réduites à leur centième partie sur le plan; une longueur d'un mètre prise sur le terrain sera représentée sur le plan par une longueur de $\frac{1}{100}$ de mètre ou d'un centimètre. Les échelles les plus usitées pour les plans de peu d'étendue sont les échelles de $\frac{1}{1000}$, $\frac{1}{1250}$, $\frac{1}{2000}$, $\frac{1}{2500}$ et $\frac{1}{5000}$.

Par extension, on a donné le nom d'*échelle de réduction* à une figure géométrique qui donne immédiatement les longueurs des lignes du terrain réduites, et qui permet aussi de trouver la vraie longueur sur le terrain d'une ligne donnée sur le plan. Proposons-nous, par exemple, de construire une échelle pour réduire les longueurs à $\frac{1}{2500}$; dans cette hypothèse, une longueur d'un mètre sur le terrain sera représentée sur le plan par une longueur de $\frac{1}{2500}$ de mètre ou de $0^m,0004$; par suite 10 mètres correspondront à 4 millimètres.

Sur une ligne indéfinie AF (fig. 103) je prends, à partir du point F, à la suite l'une de l'autre, 10 longueurs égales à 4 millimètres; chacune d'elles devant représenter 10 mètres,

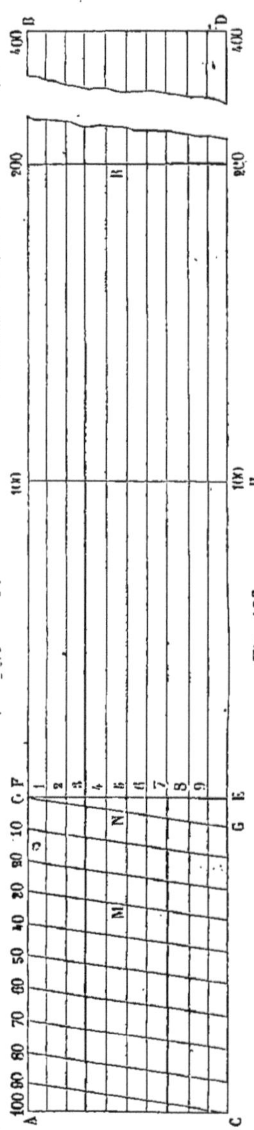

Fig. 103.

j'inscris à chacun des points de division de F en A, 0, 10, 20, 30, 40,.... 100. Puis sur la ligne AF, à partir du point F, je porte de l'autre côté des longueurs égales à 4 centimètres; chacune d'elles représentera 100 mètres; j'inscrirai à chacun des points de division, à partir de F, 0, 100, 200, 300, etc. Par chacun des points A, F, 100, 200, etc..... B, j'élève des perpendiculaires à la ligne AB, et sur l'une de ces lignes, sur FE par exemple, je porte 10 longueurs égales entre elles, mais quelconques, et je numérote les points de division. 0, 1, 2, 3,.... 10. Par tous ces points, je mène des parallèles à AB, ou, ce qui vaut mieux, je prends sur BD dix longueurs égales à celles qu'on a portées sur FE, et je joins les points de division correspondants. Enfin je prends sur EG une longueur EG égale à l'une des divisions de la ligne AF, et je joins FG; puis, par les autres points de division de AF, je mène des parallèles à FG; ces lignes divisent CE en dix parties égales aux segments de la ligne AF. L'échelle est alors construite.

On peut employer cet instrument à deux usages différents : 1° une longueur ayant été mesurée sur le terrain, trouver la ligne qui la représentera sur le plan ; 2° une ligne étant donnée sur le plan, trouver la longueur de la ligne correspondante sur le terrain.

1° On a trouvé qu'une ligne du terrain a 235 mètres ; on demande quelle longueur elle aura sur le plan. Si l'on met les deux pointes d'un compas sur la ligne AB, l'une au point marqué 200, l'autre entre F et A au point marqué 30, la distance de ces deux pointes représentera 230 mètres ; pour avoir 235 mètres, on déplace le compas de manière que l'une de ses pointes ne quitte pas la perpendiculaire marquée 200, et que l'autre pointe suive la ligne oblique qui part du point 30 ; il faudra, pour cela, ouvrir peu à peu le compas ; on s'arrêtera quand les deux pointes seront toutes les deux sur la ligne horizontale marquée 5, c'est-à-dire l'une en R, et l'autre en M ; je dis que MR est la longueur demandée. En effet

$$MR = R5 + MN + N5.$$

Or R5 = 200, et MN = 30 ; reste à évaluer N5 ; les lignes concourantes FG, FE sont coupées par des parallèles, et nous avons en vertu du théorème précédent :

$$\frac{N5}{GE} = \frac{F5}{FE} ;$$

mais
$$\frac{F5}{FE} = \frac{5}{10} ;$$

et
$$GE = 10 ;$$

donc
$$\frac{N5}{10} = \frac{5}{10} ;$$

ou
$$N5 = 5 ;$$

donc enfin

$$MR = 200 + 30 + 5 = 235.$$

2° Supposons maintenant qu'une ligne étant donnée sur le plan, on veuille savoir quelle est sa longueur sur le terrain. On relève cette ligne avec le compas, en mettant les deux pointes aux deux extrémités de la ligne, et on porte le compas sur l'échelle, de manière que ses deux pointes soient sur une même ligne horizontale, l'une d'elles étant sur l'une des perpendiculaires FE, 100, 200, etc., et l'autre étant sur une des obliques situées entre FE et AC. Il suffit alors de lire sur l'échelle la longueur ainsi déterminée, ce qui n'offre pas de difficulté.

Remarque. Les échelles les plus employées sont gravées sur des lames de cuivre, ce qui dispense de les construire sur le papier ; elles sont d'ailleurs plus finement tracées, par suite plus exactes.

140. Théorème. *Les segments interceptés sur des parallèles par des droites issues d'un même point sont proportionnels.*

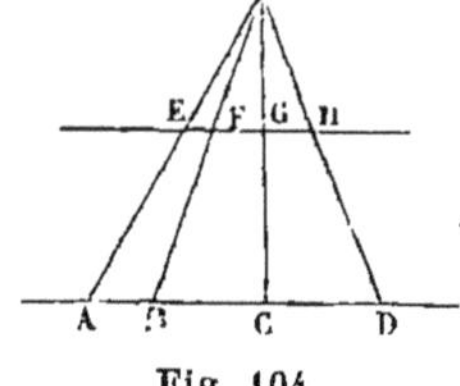

Fig. 104.

Soient AD, EH deux droites parallèles, OA, OB, OC, OD des droites issues d'un même point O et qui coupent ces parallèles ; je dis que les segments AB, BC, CD, déterminés sur l'une des parallèles, sont proportionnels aux segments EF, FG, GH, déterminés sur l'autre, c'est-à-dire qu'on a :

$$\frac{AB}{EF} = \frac{BC}{FG} = \frac{CD}{GH}.$$

En effet, on a, en vertu du théorème précédent, la proportion :

$$\frac{AB}{EF} = \frac{OB}{OF}.$$

Pour la même raison, on a aussi :

$$\frac{BC}{FG} = \frac{OB}{OF};$$

les deux rapports $\frac{AB}{EF}$, $\frac{BC}{FG}$, qui sont égaux tous les deux au rapport $\dfrac{OB}{OF}$, sont égaux entre eux ; ce qui donne la proportion :

$$\frac{AB}{EF} = \frac{BC}{FG};$$

on prouverait de même qu'on a :

$$\frac{BC}{FG} = \frac{CD}{GH};$$

donc enfin,

$$\frac{AB}{EF} = \frac{BC}{FG} = \frac{CD}{GH};$$

C. Q. F. D.

Remarque. Le point O pourrait être situé entre les deux parallèles ; le théorème serait encore vrai, et se démontrerait de la même manière.

141. Problème. *Diviser à la fois plusieurs droites données* M, N, P, *en un même nombre de parties égales.*

Proposons-nous, par exemple, de partager ces lignes en trois parties égales. Sur une ligne quelconque AB (fig. 105), je porte à la suite l'une de l'autre trois longueurs égales AC, CD, DB ; des points A et B comme centres, avec un rayon égal à AB, je décris deux arcs de cercle qui se coupent en O, et je joins OA, OC, OD et OB. Du point O comme centre, avec la longueur M pour rayon, je décris une circonférence qui coupe en E et en F les deux lignes OB et OA ; je dis d'abord que EF est égale à M. En effet, puisque OE $=$ OF et que OA $=$ OB, le rapport $\dfrac{OE}{OA}$ est identiquement égal au rapport $\dfrac{OF}{OB}$; donc, en vertu du théo-

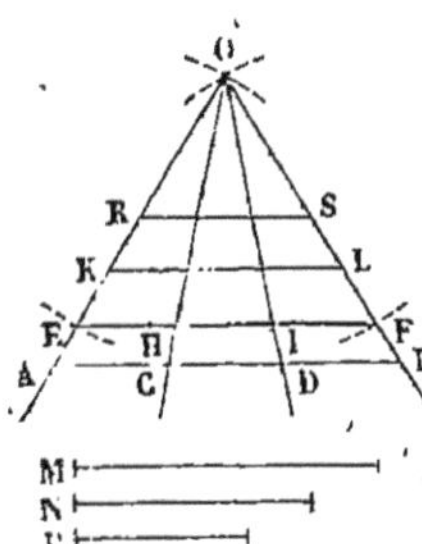

Fig. 105.

rème du n° **135**, les droites EF et AB sont parallèles; par suite (**157**), le rapport de ces deux lignes est égal au rapport de OE à OA ; on a donc la proportion :

$$\frac{EF}{AB} = \frac{OE}{OA};$$

mais AB est égale à OA ; donc EF = OE = M. Ceci posé, les parallèles AB et EF sont partagées en segments proportionnels par les lignes OA, OC, OD, OB, en vertu du théorème précédent ; or les segments de la ligne AB sont égaux entre eux ; donc il en est de même de ceux de la ligne EF. Cette ligne est donc divisée en trois parties égales aux points H et I.

On fait ensuite la même construction pour les lignes N et P, comme le montre la figure.

Application des propositions qui précèdent à la réduction des lignes d'un dessin.

142. Un dessin étant donné, on a souvent besoin de le copier en réduisant ses dimensions; pour que la copie soit bonne, il faut d'abord que les inclinaisons des lignes soient conservées, c'est-à-dire que l'angle de deux lignes quelconques du dessin soit égal à l'angle des lignes correspondantes de la copie. Il faut ensuite que toutes les longueurs soient réduites dans le même rapport; c'est cette dernière condition qui va nous occuper. La question qu'il faut résoudre est celle-ci :

Réduire dans le même rapport toutes les lignes d'une figure.

Dans la pratique, le rapport des dimensions de la copie et du modèle est toujours un rapport simple, tel que $\frac{1}{2}, \frac{1}{3}, \frac{1}{4}, \frac{1}{5}, \frac{2}{3}, \frac{3}{4}, \frac{4}{5}$, etc. On a imaginé, pour résoudre la question qui nous occupe, différents instruments et diverses constructions géométriques que nous allons expliquer

145. *Compas de proportion.* Cet instrument se compose de deux règles d'égale longueur réunies par une charnière dont le centre est exactement le point de concours des bords intérieurs des deux règles AB et AC; ces deux règles portent elles-mêmes des divisions égales, comme l'indique la figure. Supposons qu'avec cet instrument on veuille prendre les $\frac{5}{8}$ d'une ligne donnée; on ouvrira les deux règles jusqu'à ce que la distance des points marqués 8 soit égale à la longueur donnée; la distance FG des points marqués 5 sera les $\frac{5}{8}$ de la distance DE des points

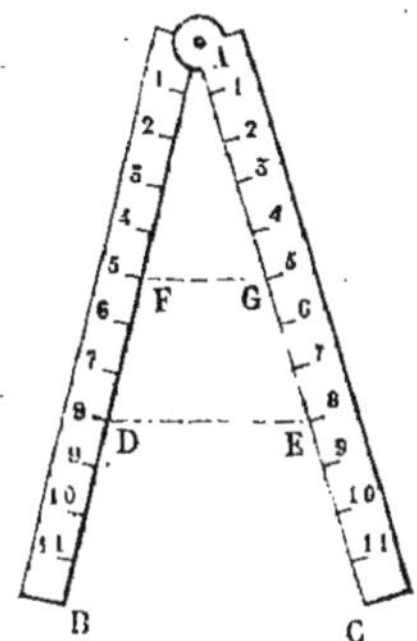

Fig. 106.

marqués 8. En effet, les deux lignes AD et AE sont partagées par les points F et G dans le rapport de 5 à 8, et par conséquent dans le même rapport; donc les deux lignes FG et DE sont parallèles (**158**), et alors, d'après le théorème du n° **157**, le rapport de ces deux lignes est égal au rapport de AD à AF ou à $\frac{5}{8}$.

L'instrument que nous venons de décrire est peu employé; on se sert de préférence du compas de réduction, ou de constructions géométriques que nous allons indiquer.

144. *Compas de réduction* ou *compas à quatre pointes.* Cet instrument se compose de deux branches en cuivre égales et terminées par des pointes d'acier (fig. 107); ces deux branches sont évidées et tournent autour d'un axe M, que l'on peut déplacer à volonté dans la rainure, et fixer en un point quelconque au moyen d'une vis de pression. Des traits marqués sur l'une des branches indiquent le point où il faut placer l'axe pour que le rapport de MA à MD soit égal à $\frac{1}{2}$ ou $\frac{1}{3}$ ou $\frac{1}{4}$, etc.

Supposons, par exemple, qu'on veuille réduire à moitié différentes longueurs : on place le bouton M, de manière que MD soit la moitié de MA ; soit alors AB une longueur quelconque, comprise entre les deux longues pointes du compas ; je dis que la distance CD des petites pointes sera la moitié de AB ; en effet, MD est la moitié de MA et MC est la moitié de MB par hypothèse ; donc, en vertu du théorème du n° **135**, les deux lignes CD et AB sont parallèles, et alors, le rapport de CD à AB est égal au rapport de MD à MA ou à $\frac{1}{2}$ (**137**) ; en d'autres termes, CD est la moitié de AB ; c. q. f. d.

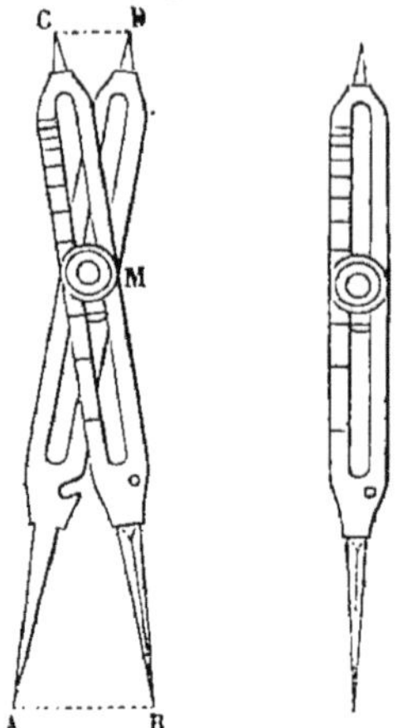

Fig. 107.

145. *Angle de réduction.* On peut se dispenser de l'emploi des instruments précédents, et les remplacer par diverses constructions géométriques. Voici l'une des plus commodes.

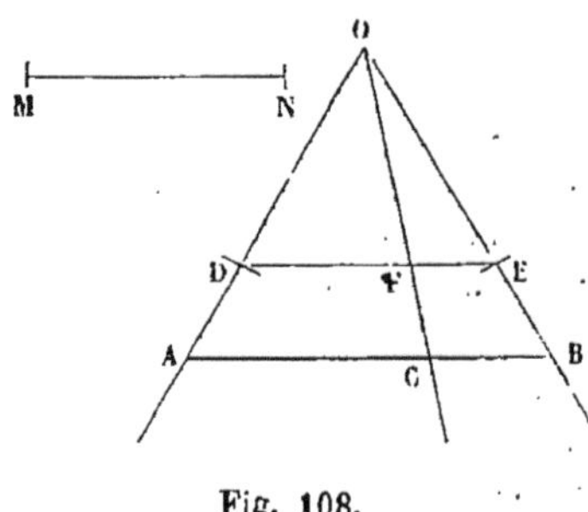

Fig. 108.

Proposons-nous, par exemple, de réduire aux $\frac{2}{3}$ de leur longueur toutes les lignes d'une figure, et soit MN l'une de ces lignes. Sur une ligne indéfinie, je prends une longueur arbitraire BC, et à la suite une longueur CA double de BC ; la ligne CA sera alors les $\frac{2}{3}$ de AB. Des points A et B comme centres avec AB comme rayon, je décris deux arcs de cercle qui se coupent en O, et je mène les lignes OA, OB, OC; cette figure est l'*angle de réduction* qui va nous servir à réduire une longueur quelconque, MN, par exemple, dans le rapport de 2 à 3. Pour cela, du point O comme centre avec un rayon égal à MN, je décris un arc de cercle qui coupe les lignes OA et OB aux points D et E, et je joins DE; je dis d'abord que cette ligne est égale à MN. En effet, puisque OD = OE, et que OA = OB, on a la proportion évidente :

$$\frac{OD}{OA} = \frac{OE}{OB}.$$

Alors, en vertu du théorème du n° **155**, la ligne DE est parallèle à AB; par suite (**157**), le rapport de DE à AB est égal au rapport de OD à OA,

$$\frac{DE}{AB} = \frac{OD}{OA};$$

mais, d'après la construction, AB = OA, donc ED = OD = MN.

Cela posé, les droites concourantes OA, OC, OB divisent les parallèles DE et AB en ségments proportionnels, et comme le point C partage AB de telle manière que AC est les $\frac{2}{3}$ de AB, de même le point F partagera DE de telle sorte que DF sera les $\frac{2}{3}$ de DE.

La même construction s'appliquerait à toute autre ligne que MN.

TABLE DES MATIÈRES

FIN DE LA TABLE DES MATIÈRES.

CORBEIL. — TYP. ET STÉR. DE CRÉTÉ FILS